Axel Bojanowski

Wetter macht Liebe

Wie Wind und
Wolken unsere Gefühle
verändern und andere
rätselhafte Phänomene
der Erde

Deutsche Verlags-Anstalt

Der Verlag weist ausdrücklich darauf hin, dass im Text enthaltene externe Links vom Verlag nur bis zum Zeitpunkt der Buchveröffentlichung eingesehen werden konnten. Auf spätere Veränderungen hat der Verlag keinerlei Einfluss. Eine Haftung des Verlags ist daher ausgeschlossen.

Verlagsgruppe Random House FSC® N001967

Die Karten und Grafiken im Innenteil stammen von Peter Palm, Berlin, mit Ausnahme von Seite 54: © Jacques Descloitres, MODIS Rapid Response Team, NASA/GSFC.

1. Auflage
Copyright © 2017 Deutsche Verlags-Anstalt, München,
in der Verlagsgruppe Random House GmbH,
Neumarkter Straße 28, 81673 München,
und SPIEGEL-Verlag, Ericusspitze 1, 20457 Hamburg
Alle Rechte vorbehalten
Umschlag: Büro Jorge Schmidt, München
Umschlagmotiv: Getty Images
Satz: GGP Media GmbH, Pößneck
Gesetzt aus der Minion
Druck und Bindung: CPI books GmbH, Leck
Printed in Germany
ISBN 978-3-421-04763-2

www.dva.de

 Dieses Buch ist auch als E-Book erhältlich.

Inhalt

Vorwort

Neulich auf der Nordseeinsel Sylt traf ich den Biologen Karsten Reise, der in den Neunzigerjahren viele Menschen gegen sich aufgebracht hatte. Wer in einer Sylter Kneipe seinen Namen nannte, erntete Gelächter und Schimpfen. Warum provozierte Reise so viele Leute? Er hatte ungewöhnliche Ideen geäußert, wie sich Sylt gegen die Nordsee schützen könnte, deren Pegel steigt und die bei Sturm die Deiche zu überspülen droht. Die Deiche sollten örtlich geöffnet, dem Meer freier Lauf gelassen werden, forderte er. Auf diese Weise würde das Meer zum Verbündeten: Es würde Schlick auf die Insel spülen, sodass sie mit dem Meeresspiegelanstieg Schritt halten könnte. In den Überflutungsgebieten müssten eben Häuser und Straßen auf Anhöhen stehen. Oft war Reise so verstanden worden, dass er Teile Sylts der Nordsee opfern wollte. Ein weltfremder Professor, so schimpften viele Sylter, wolle ihre Insel einem riskanten Versuch aussetzen. Die Stimmung hat sich mittlerweile geändert. Tatsächlich war Sylt Teil eines erstaunlichen Experiments – doch anstatt zu zerfallen, wächst die Insel auf einmal. Das »Sand-Wunder« von Sylt beschreibe ich im ersten Kapitel.

Schlimmer als Karsten Reise ergeht es Laien, die wissenschaftliche Entdeckungen verkünden. Klar, es gibt Spökenkieker, Geisterseher, die sich abstruse Theorien ausdenken und ihren Mitmenschen auch dann noch auf die Nerven fallen, wenn allen klar ist, dass es sich nicht um die große Entdeckung, sondern um Quatsch handelt. Doch häufiger, als viele glauben, bringen Laien die Wissenschaft voran. Meist – nein, eigentlich immer – müssen sie sich dabei gegen Missachtung der Wissenschaftler durchsetzen. Dieses Buch ist auch all jenen gewidmet, die die Natur mit kritischer Neugier erleben; jenen, die Fragen stellen, statt immer gleich auf die nächstbeste Antwort zu vertrauen.

Dem Elektrotechniker und Hobby-Archäologen Franz Mandl beispielsweise, der in 2000 Meter Höhe in den Alpen verstreute Steinbrocken entdeckte, die er in seiner Fantasie zu den Resten einer alten Siedlung verband. Immer wieder wanderte er hinauf, um nach Spuren zu suchen. Anfang der Achtzigerjahre entdeckte er Keramikscherben und Reste von Lagerfeuern, die er zur Altersbestimmung an eine Universität schickte. Das Ergebnis hätte Archäologen aufschrecken müssen: Mandls Funde stammten aus der Bronzezeit, sie waren mehr als 3000 Jahre alt. So alte Siedlungen in den Hochalpen wären eine Sensation gewesen – die noch ältere Gletschermumie Ötzi war noch nicht entdeckt. Doch Archäologen ignorierten Mandl. Erst nachdem er immer weitere Hüttenfundamente, Knochenreste und Wegmarken entdeckt hatte, teils älter als 3700 Jahre, kamen die Wissenschaftler nicht mehr an dem Hobbyforscher vorbei. Dutzende Aufsätze hat Mandl über sein Thema geschrieben – mittlerweile akzeptiert die Fachwelt seine Entdeckungen.

Mandl hat das erreicht, weil er sich streng an die wissenschaftlichen Methoden hielt: Er knüpfte präzise an den Kenntnisstand an, bezog sich auf andere Quellen, beschrieb sauber sein Vorgehen – und er publizierte seine Ergebnisse schließlich in Fachmagazinen. Viele Autodidakten scheitern an diesen Anforderungen, insbesondere beim Thema Klimawandel. Vielleicht liegt es daran, dass Klimaforschungskritiker häufig politisch motiviert sind, ihre Erkundungen nicht von Neugierde, sondern von Ideologie getrieben sind. Ein weltweiter Zirkel aus Laienkritikern hat sich zu dem Thema zusammengeschlossen, doch ihre Ideen sind meist wenig originell. Einfache Erkenntnisse werden gegen den menschgemachten Klimawandel angeführt – so als ob Wissenschaftler offensichtliche Fragen nicht bedacht hätten. Solch politisch motivierte Provokationen erschweren es anderen Zweiflern, die Klimaforschung mit ihrer Kritik tatsächlich voranzubringen – was nötig wäre. Denn wesentliche Fragen sind ungeklärt, das Thema hält auch für Laien jede Menge interessante Fragen bereit, wie ich in Kapitel 22 zeige.

Amateurforscher könnten sich ein Beispiel nehmen am norwegischen Jazzmusiker Jon Larsen, der nach vielen Jahren Mühe die Fachwelt überzeugte. Er machte klar, dass seine Marotte, Dreck aus Regenrinnen zu sammeln, wissenschaftlich wertvoll ist. Auf seinen Tourneen kletterte er vor Konzerten stets auf Dächer, um Proben zu nehmen. Larsen war überzeugt, in den Regenrinnen Meteoritenstaub zu finden. Er hatte eine Methode entwickelt, verdächtige Partikel ausfindig zu machen: Im ersten Schritt legte er den Dachdreck unter einen Magneten, denn die meisten Meteoriten sind magnetisch. Die magnetischen Fundstücke betrachtete er dann unterm Mikroskop, mit Übung lassen sich Meteoritenreste erkennen: Sie verraten sich durch ihre kugelige, gestreifte Gestalt – die Form nehmen sie an, wenn sie mit zwölf Kilometern pro Sekunde in die Erdatmosphäre eindringen (siehe Kapitel 41). Die Reibung heizt sie so stark auf, dass sie schmelzen, wobei ihre Masse wie schmelzende Schokolade ineinanderläuft.

Mehr als 500 Meteoritentrümmer hat Larsen bereits entdeckt, das haben Wissenschaftler bestätigt. Für die Forschung sind sie von besonderem Interesse, weil sie erst in letzter Zeit auf die Erde gerieselt sein müssen – nach der letzten Dachrinnenreinigung. Wissenschaftler hingegen finden Meteoritenreste gewöhnlich in Gletschern oder im Meeresboden, wo sie meist bereits seit Jahrmillionen liegen. Zum Erstaunen der

Wissenschaftler unterscheidet sich das Aussehen der Dachrinnenmeteoritenreste von den anderen: Ihre Streifen liegen enger zusammen. Sie scheinen mit größerer Wucht in die Erdatmosphäre geschossen zu sein – ein Hinweis darauf, dass sich die Konstellation der Planeten verändert hat, die Meteoriten ihren Schwung verleihen. Die Änderung der Planetenbahnen entscheidet auch über das Klima auf der Erde – etwa darüber, wann Eiszeiten aufziehen. Die Dachrinnenexpeditionen von Jon Larsen halfen, solche Veränderungen zu rekonstruieren.

In den USA haben Forscher mittlerweile verstanden, wie nützlich Laien für sie sein können. Die Society for Amateur Scientists fördert die »citizen scientists« mit Lehrgängen, Kongressen und einem Fachmagazin. Besonders in der Zoologie, der Meereskunde und der Astronomie zählen Wissenschaftler mittlerweile auf Freiwillige, die Tiere, Korallen und Himmelskörper bestimmen. Auch in Europa hat sich Zusammenarbeit in vielen Disziplinen etabliert: In der Archäologie und der Paläontologie beauftragen Forscher und Ämter Laien mit Erkundungen. Und in der Meteorologie gehören Amateure zu einem Netzwerk, das Wetterphänomene wie Tornados aufspürt.

Dass Profis und Laien unterschieden werden, ist ein junges Phänomen. Im 19. Jahrhundert wurde die Naturwissenschaft vor allem von Leuten vorangebracht, die ihr Geld mit anderem verdienten, während sie nebenbei ihrer Leidenschaft nachgingen, der Forschung. Michael Faraday war Buchbinder, Thomas Edison Telegrafist und Albert Einstein Patentprüfer – ihre wissenschaftlichen Sensationen haben sie in ihrer Freizeit entwickelt.

Manche heutigen Forscher haben sich solch geistige Unabhängigkeit erhalten. Sylt hat es auch dem einst geächteten Biologen Karsten Reise zu verdanken, dass sich die Bewohner doch für neue Methoden im Küstenschutz öffneten – und damit erstaunlich erfolgreich sind. Von dieser Revolution handelt das erste Kapitel.

1

Das Sandwunder von Sylt

Spaßmacher wollten bereits die Rasierklinge ansetzen an den berühmten Sylt-Aufklebern, die an Autohecks prangen – und den unteren Teil der Sticker abkratzen. Der Anlass ist traurig: Sylts Süden schwindet, die Hörnumer Odde könnte schon bald von der Nordsee verschlungen werden. Pessimisten sehen Deutschlands größte Nordseeinsel zerfallen.

Überraschenderweise jedoch bröckelt die Insel nur im Süden, insgesamt wächst sie – »fast auf ganzer Länge«, sagt Karsten Reise, Küstenforscher am Alfred-Wegener-Institut auf Sylt. Rund 20 bis 50 Meter breit sei der Sandzuwachs an Sylts Westküste. Mancherorts, etwa an der Nordspitze, zeigen Luftaufnahmen Sandhaken, die ins Meer wuchern. Am Rand der Strände wachsen kleine Hügel, sie schmiegen sich an die großen Dünen dahinter.

Was ist geschehen? Jahrhundertelang dominierten Untergangsprognosen. Eine starke Sturmflut würde Sylt teilen, die Insel untergehen wie andere friesische Inseln zuvor. Tatsächlich könnte eine starke Sturmflut das Eiland zerreißen: im Norden etwa, wo sie unterhalb des sogenannten Ellenbogens nur 300 Meter schmal ist und auch schon mal von der Nordsee komplett überspült wurde. Oder im unteren Drittel südlich von Puan Klent, wo lediglich eine flache, 600 Meter breite Dünenlandschaft beide Küsten trennt.

Seine exponierte Position bringt Sylt in Gefahr – die lange Insel bietet der Nordseebrandung ihre ganze Breite. Kein flaches Watt bremst die Wellen: Westlich fällt der Meeresboden tiefer als zehn Meter, entsprechend heftig kann das Wasser in Wallung geraten. Früher bauten die Sylter ihre Siedlungen deshalb auf Anhöhen im Osten der Insel. Doch der Tourismus trieb die Menschen an die Westküste. Zuvorderst liegt Westerland, Sylts größte Siedlung. Eine gut drei Meter hohe Mauer schützt ihre Promenade. Reicht das?

Wissenschaftler geben sich gelassen: »Ich sehe kaum eine Gefahr«, sagt Karsten Reise. »Wir haben kein Problem«, meint auch Manfred Uekermann, Vorsitzender des Landschaftszweckverbands Sylt. Die Zuversicht gründet auf einer Revolution im Küstenschutz, die vor gut 40 Jahren begann. Deutsche Meeresforscher hatten Mitte des vergangenen Jahrhunderts eine interessante Erfahrung aus den USA mitgebracht. Dort waren Inseln vor dem Zerfall bewahrt worden, indem Sand vor ihre Küsten gespült wurde. Meeresströmungen und Wind sorgten dafür, dass sich die Partikel auf natürliche Weise verteilten – die Inseln wuchsen.

Anfang der Siebzigerjahre gab es ein erstes Experiment vor Sylt. Aus dem Watt im Osten der Insel leiteten Schläuche Sand quer über die Insel – vor der Westküste spuckten sie das Sediment wieder aus. Doch dann kam die Stunde der Bedenkenträger. Sand für den Küstenschutz? Die Sylter sahen ihre Insel unter einer Glocke aus Staub versinken: Haben wir dann immer Sand in den Augen, fragten sie. Zerkratzen Sandstürme unsere Autos? Wehen sie unsere Parkplätze zu?

Wer konnte schon wissen, wohin Wind und Wellen die Partikel treiben würden? Der kostbare Sand, so erzählte man sich, würde direkt zu den Nachbarinseln Amrum und Rømø driften. Stur pochten die Friesen auf traditionelle Methoden: Hatten ihre Vorfahren nicht seit dem 19. Jahrhundert mit Strandhafer

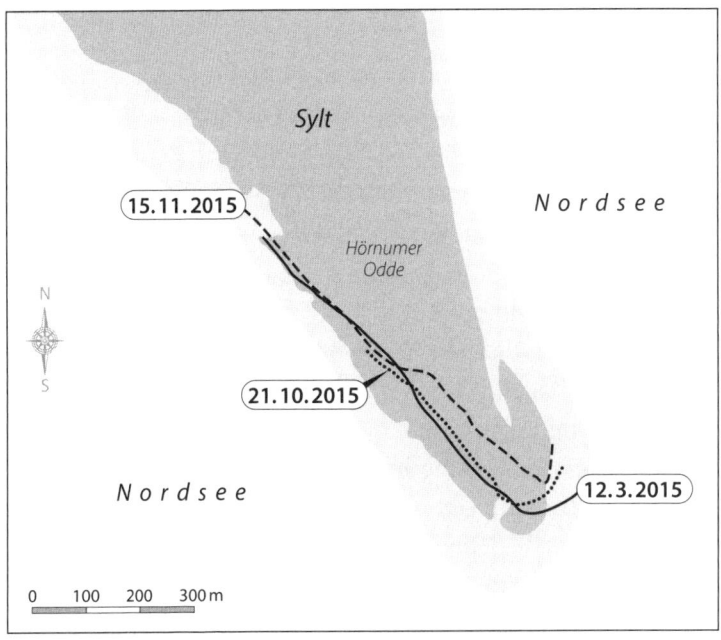

Erosion der Küstenlinie im Süden von Sylt 2015

Wanderdünen gefestigt? Hielten die verzweigten Gräser mit ihren tiefen Wurzeln den Sand nicht so effektiv, dass die Küstenlinie einigermaßen stabil blieb?

Allerdings brachen weiterhin Sturmfluten über die Insel herein. Und im Osten fehlte nun Sand – der Strandhafer hielt ihn im Westen. So griffen die Friesen zu rustikalen Methoden, und die brachten Erfolge – so schien es zumindest: Die Sylter bauten Mauern an ihre Küste und verlegten vierbeinige Betonklötze, sogenannte Tetrapoden.

Bald aber zeigten sich die Nachteile dieser Maßnahmen: Die Mauern schützten zwar vor der Brandung, doch vor ihnen räumte das Meer umso mehr Sand ab. Und die Wirkung der Tetrapoden offenbart sich an Sylts Südspitze eindrucksvoll: Die

Hörnumer Odde schwindet, seit die Tetrapoden an ihrer nördlichen Grenze liegen.

Eine zweite Tetrapoden-Kette wirkt dort noch gravierender: Sie verläuft vor der Odde vom Strand im rechten Winkel ins Meer – und fängt den Sand ab, der zuvor an die Odde strömte. Solch künstliche Hindernisse sind seit Jahrhunderten als Buhnen bekannt – früher nutzten die Sylter Steine von Hünengräbern dafür. Buhnen sammeln Sand vor Küsten, die von Abtragung bedroht sind. Das Problem ist immer das gleiche: Politiker fordern Buhnen, Tetrapoden und Mauern, solange sie nur für ihren eigenen Ort verantwortlich sind – und nicht für die Umgebung.

In der Kersig-Siedlung bei Hörnum war es der ehemalige Bundesverkehrsminister Christoph Seebohm, der dort ein Ferienhaus besaß, dem die Nordsee näher zu kommen drohte. In den Sechzigerjahren ließ er Hunderte Tetrapoden vor die kleine Siedlung setzen. Und tatsächlich hatte der Minister seine Siedlung damit erfolgreich gesichert. Dafür wüteten die Fluten in der Nachbarschaft umso stärker – dort zerfällt die Odde.

Wollten die Sylter nicht ihre gesamte Küste einmauern, mussten sie sich etwas anderes einfallen lassen. Unter Protest vieler Anwohner griffen sie in den Achtzigerjahren die Idee der Sandvorspülungen auf. Diesmal holten sie den Sand aber nicht aus dem Watt, stattdessen saugten Schiffe ihn mit Schläuchen gut zehn Kilometer westlich von Sylt aus tieferem Wasser. Sie brachten ihn vor die Küste, wo sich eine Luke im Rumpf öffnete, sodass der Sand ins Wasser rauschte. Oder sie spülten ihn mit Schläuchen an die Strände.

Jetzt begann die Natur ihr rettendes Werk. Die Strömung der Nordsee treibt den Sand an Sylts Westküste, wo sie sich vor Westerland in eine Nord- und eine Südströmung spaltet. Dort wandern kleine, unbeständige Sandinseln, lagern sich an den Strand, werden erneut mitgerissen. Bald bemerkten die

Sylter, dass sich etwas veränderte. Bislang waren die großen Dünen meist steil zum Strand geneigt. Nun hatten sich davor in eigens angelegten Fangzäunen aus Reisig kleine Sandwälle angehäuft. »Wir haben lernen müssen, mit der Natur zu planen, nicht gegen sie«, resümiert Helge Jansen, Vorsitzender der Stiftung Küstenschutz auf Sylt.

Mittlerweile fahren die Sandschiffe regelmäßig, sie schütten jährlich zwischen einer und anderthalb Millionen Kubikmeter Sand vor die Westküste; mit der Menge ließen sich 400 bis 600 olympische Schwimmbecken füllen. Gut sechs Millionen Euro kosten die jährlichen Vorspülungen den Steuerzahler. Der Sand komme der gesamten nordfriesischen Küste zugute, sagt Jansen. Die Insel wirke als Wellenbrecher für das Hinterland.

Stürme und Strömungen treiben allerdings große Mengen Sand von Sylt weg, fast eine Million Kubikmeter verliert die Insel im Jahr, also fast so viel, wie die Schiffe vor die Insel spülen. Der Sand driftet in die Nachbarschaft. Vor der Südspitze Sylts etwa wuchern unter Wasser Sandbänke in Richtung Amrum. Der Sand lasse den Boden des Wattenmeers mit dem Anstieg des Meeresspiegels mitwachsen, sagt Karsten Reise. Schleswig-Holstein möchte deshalb das Sandwunder am liebsten aufs gesamte Wattenmeer ausdehnen. Denn im schlimmsten Fall, warnt Inselexperte Uekermann, könnte der Meeresspiegelanstieg das Watt ertrinken lassen: Es würde bei Ebbe nicht mehr trockenfallen, Watt-Lebewesen würden verschwinden.

Im neuen »Strategieplan Wattenmeer« verpflichtet sich Schleswig-Holstein dem Erhalt des Wattenmeers. Forscher haben Experimente gestartet, die zeigen sollen, ob Sandspülungen dem gesamten Watt zugutekommen können. Selbst Sylts Süden scheint noch nicht verloren. Er ließe sich mit ein paar Sandrationen retten, meint Reise. Voraussetzung sei allerdings, dass die sandfressende Tetrapoden-Buhne beseitigt würde. Und wenn dann doch eine Sturmflut die Insel an ihren schmalen

Stellen durchbrechen würde? »Das macht nix«, sagt Reise. Solch ein Graben ließe sich zuschütten – gemäß seiner Maxime: Sand drauf, den Rest regelt die Natur.

Was geschieht, wenn die Natur Regie übernimmt, zeigt sich derzeit in der Südsee, wo die neueste Insel auf Erden aus den Fluten steigt. Es ist nicht das einzige Neuland. Manche haben sich zu wahren Paradiesen entwickelt, wie das nächste Kapitel zeigt.

2

Neuland in Sicht!

»Wer entdeckt schon heute noch eine Insel?«, frohlockte Kapitän Fredrik Fransson, als er am 11. August 2006 mitten im Pazifik ein dampfendes Eiland erspähte, wo zuvor keines war. Sein Boot bahnte sich bei Flaute den Weg durch einen kilometerbreiten Teppich schwimmender Bimssteine. Das schmierige Zeug verstopfte die Kühlung des Schiffsmotors, der zu überhitzen drohte. Gerade noch rechtzeitig gelang es dem Segler, in der Abenddämmerung dem Geröllteppich zu entkommen. Am nächsten Morgen entdeckte er die Quelle des Unbills: Aus einem von vier Gipfeln umgebenen Krater schossen Asche und Gestein. Im Südpazifik nahe Tonga hatte sich eine neue Insel aus den Fluten erhoben: Home Reef.

Die Entdeckerfreude währte nicht lange. Home Reef versank im Meer – und erlebte damit das Schicksal der meisten Vulkaninseln, deren Boden großteils aus Asche besteht: Sie sind nicht stabil genug, den Fluten standzuhalten. Sechs junge Inseln jedoch blieben in den vergangenen 60 Jahren. Sie bilden die neuesten natürlichen Flecken auf Erden (kleine flüchtigere Sandinseln ausgenommen).

Capelinhos: Ende September 1957 explodierte vor der Azoreninsel Faial der Meeresboden. Gewaltige Erschütterungen zerstörten Hunderte Häuser. Lava und Asche türmten ein neues

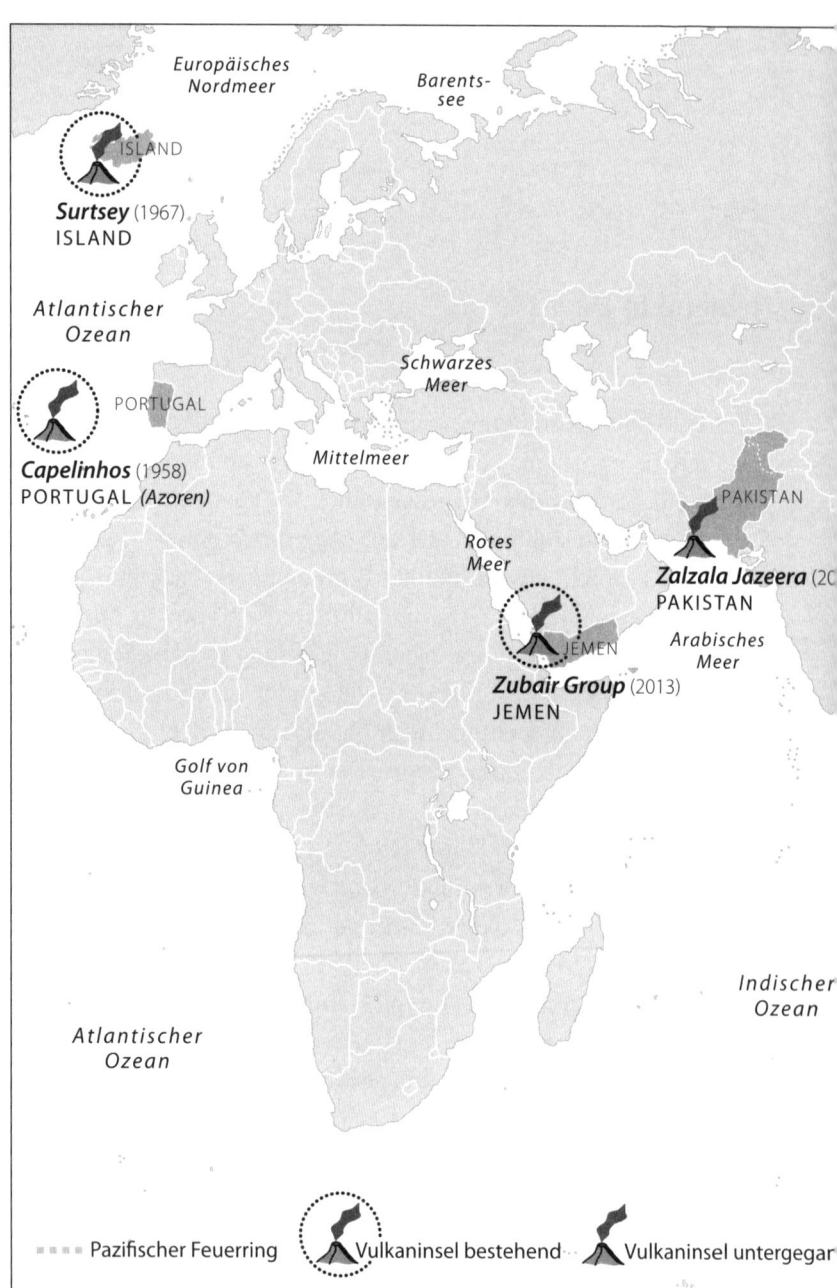

Zwischen 1955 und 2015 entstandene Vulkaninseln

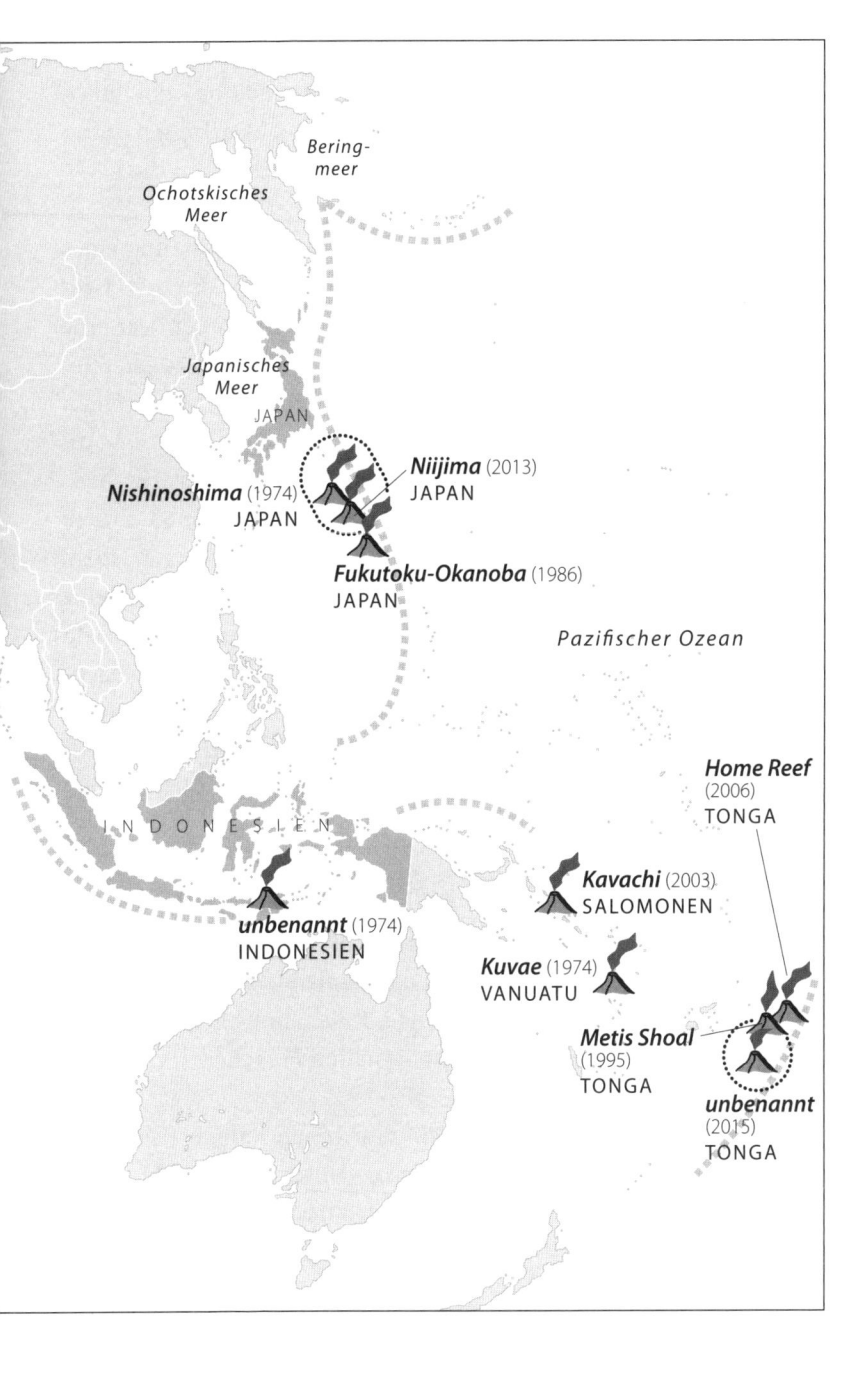

Bering-
meer

Ochotskisches
Meer

Japanisches
Meer
JAPAN

Nishinoshima (1974)
JAPAN

Niijima (2013)
JAPAN

Fukutoku-Okanoba (1986)
JAPAN

Pazifischer Ozean

INDONESIEN

Home Reef
(2006)
TONGA

Kavachi (2003)
SALOMONEN

unbenannt (1974)
INDONESIEN

Kuvae (1974)
VANUATU

Metis Shoal
(1995)
TONGA

unbenannt
(2015)
TONGA

Eiland, das sich ein Jahr später mit Faial vereinigte. Die mehr als zwei Quadratkilometer große Halbinsel Ponta dos Capelinhos konnte die Bewohner von Faial jedoch nicht erfreuen. 2000 von ihnen flüchteten nach der Vulkankatastrophe in die USA.

Surtsey: Am 14. November 1963 entdeckte die Besatzung eines Fischkutters 35 Kilometer vor der Südküste Islands einen Glut und Asche speienden Vulkan. Am nächsten Morgen war eine kleine Insel entstanden. Surtsey im Nordatlantik wurde zum Naturparadies. Das Eiland überraschte Wissenschaftler: Nicht Pflanzen siedelten sich zuerst an, sondern Fleischfresser. Auf Treibholz gelangten Spinnen zur Insel, und ihre Nahrung ebenfalls: Insekten. Bald keimten einfache Pflanzen wie Salzmiere und Moose. Ihr Samen war im Wasser nach Surtsey getrieben. Einen Schub brachten die Möwen. Im Gefieder trugen sie kleine Tiere und Samen, drei Viertel der Pflanzen gelangten mit Vögeln auf die Insel. In den Neunzigerjahren wurden die ersten Regenwürmer und Schnecken gefunden. Außerdem düngten Exkremente der Vögel den kargen Boden. So wandelte sich Surtsey langsam zu einer belebten Insel. Menschen dürfen nicht hinauf, damit das Paradies erhalten bleibt.

Nishinoshima: 1973 spuckte der Pazifik tausend Kilometer südöstlich von Tokio eine dampfende Insel aus. Seither bewachsen zwar nur spärlich Pflanzen das Neuland, aber diverse Tiere kamen: Ameisen, Schmetterlinge, Käfer und Fliegen seien in großer Zahl gesichtet worden, berichten Forscher.

Niijima: 40 Jahre später wuchs nur einen halben Kilometer entfernt die Schwesterinsel Niijima. »Unser Hoheitsgebiet wird sich erweitern«, frohlockte der Leiter des Kabinettsekretariats der japanischen Regierung. Und tatsächlich wuchs Niijima stetig. Schließlich vereinigte sie sich sogar mit ihrer Nachbarin.

Ihre verlorene Eigenständigkeit musste sie mit ihrem Namen bezahlen. Die vereinigen Inseln heißen nun Nishinoshima.

Zubairinseln: Leicht gebebt hätte die Erde, berichteten Bewohner der Küste des Jemen in den Tagen vor Heiligabend 2011. Ansonsten war ihnen nichts Besonderes aufgefallen. Fischer erzählten später, was geschehen war: Eine dampfende Aschesäule habe sich aus dem Ozean erhoben; im Roten Meer sei eine neue Insel zum Vorschein gekommen. In der Region erheben sich zahlreiche Vulkane und Untiefen über den Meeresgrund, der dort in rund hundert Meter Tiefe liegt. Aber nur wenige Feuerberge ragen über den Meeresspiegel, sie bilden das Zubair-Archipel. 2013 bekam es abermals Zuwachs, im Oktober erhob sich eine weitere dampfende Insel.

Noch unbenannt: Seit Ende 2014 hatte es unter Wasser gebrodelt im Tonga-Reich. Die Südsee färbte sich grün, weil der Unterseevulkan Hunga Tonga-Hunga Ha'apai Lava und Asche spuckte. Mitte Januar 2015 erreichte der Ausbruch die Oberfläche – und gebar eine neue Insel. Das jüngste Land der Erde ist noch namenlos, die Taufrechte liegen beim König von Tonga. Womöglich wird es wieder untergehen, bevor es einen Namen trägt.

Nicht nur Inseln wandeln sich, ganze Ozeane ebenfalls – auch sie können komplett verloren gehen. Vor sechs Millionen Jahren passierte das Unglaubliche: Das Mittelmeer verdunstete. Statt des Ozeans klaffte eine kilometertiefe Senke; Mallorca war ein Hochplateau. Von diesem Drama der Erdgeschichte handelt das dritte Kapitel.

3

Als das Mittelmeer verschwand

Das Mittelmeer war weg, so als hätte jemand den Stöpsel gezogen. An Stränden, auf die zuvor die Wellen brachen, fiel die Küste 2000 Meter steil ab. Tiefe Canyons durchschnitten die schroffen Hänge, in den Kerben stürzten Flüsse zu Tal. Auf Felsterrassen an den Flanken krallten sich Nadelbäume fest. Eine karge Tiefebene erstreckte sich, wo zuvor Wasser schwappte. Am Grund schimmerte eine grauweiße Salzwüste, in der einzelne Tümpel glitzerten. Wie platte Kegel ragten Hochplateaus hervor – die Inseln Mallorca, Korsika, Sardinien und all die anderen Urlaubsparadiese von heute.

Dass etwas Kolossales passiert sein musste, dämmerte Naturkundlern bereits im 19. Jahrhundert: In Südfrankreich waren Arbeiter beim Bohren von Brunnen auf eine unterirdische Schlucht gestoßen, die mit Erde zugedeckt war. Weitere Bohrungen zeigten, dass der Graben sich wie ein Untergeschoss unter dem gesamten Rhône-Tal entlangzog. Der Fluss, so viel schien klar, musste sich also einst tief in den Boden geschliffen haben. Es blieb eigentlich nur eine Folgerung, die aber noch kaum ein Forscher auszusprechen wagte: Der Pegel des Mittelmeers musste extrem niedrig gelegen haben.

Vor knapp 60 Jahren dann entdeckten Geoforscher im Boden des Mittelmeers Merkwürdiges. Bei der Erkundung des Untergrunds mittels Schallwellen zeichnete sich auf den Monitoren an Bord ihres Forschungsschiffs eine Linie ab: Etwa hundert Meter tief im Schlick wurden Schallwellen reflektiert. Das Erstaunen wollte kein Ende nehmen: Die Linie war überall, sie verlief im gesamten Meeresgrund. Eine Schicht musste sich ozeanweit abgelagert haben. Worum handelte es sich hier? Es dauerte mehr als zehn Jahre, ehe Bohrungen enthüllten, dass die Schicht aus Salz bestand. Die verdutzten Forscher standen nun vor der Frage, warum es sich gleichmäßig über den gesamten Grund verteilt hatte. Die Analyse ergab, dass es sich wesentlich um Anhydrit handelte – ein Salz, das zurückbleibt, wenn Meerwasser verdunstet. Weitere Bohrungen lieferten die nächste Überraschung: In dem Salz erspähten die Forscher versteinerte Bakterienmatten, sogenannte Stromatolithen. Diese seit Urzeiten die Erde bevölkernden Wesen gedeihen im Flachwasser. Jetzt sprachen die Wissenschaftler aus, was kaum noch zu ignorieren war: Der Grund des Mittelmeers muss einst nahezu trockengefallen sein.

Alles passte zusammen: Große Flüsse wie Nil und Rhône hatten bis zu 2400 Meter tiefe Schneisen in die Küsten geschnitten, wie Erkundungen ergaben. Eine Bohrung vor Sardinien brachte den finalen Beweis: Dort lagen im Meeresgrund große Mengen Kies. Es handelte sich um Schotter aus dem Schwemmfächer einer urzeitlichen Flussmündung. Wasser musste sich aus dem Fluss direkt auf den Meeresboden ergossen haben. Mit Spannung warteten die Wissenschaftler auf das Resultat ihrer Altersbestimmung des Salzes. Atome zerfallen darin in gleichbleibender Menge. Indem man die Menge der zerfallenen Teilchen mit der Menge der Ursprungsteilchen vergleicht, lässt sich das Alter der Substanz bestimmen. Das Ergebnis war eine riesige Überraschung: Das Salz hatte sich vor knapp sechs Millionen Jahren abgelagert, also in geologisch gesehen jüngster Vergangenheit. Zu jener Zeit muss das Mittelmeer verdampft sein und das Salz hinterlassen haben, folgerten die Wissenschaftler.

Seither debattieren Forscher über die Ursachen des Erdgeschichtsdramas. Klar scheint, dass sich die Straße von Gibraltar einst geschlossen haben muss, jene 14 Kilometer schmale Meerenge zwischen Europa und Afrika, durch die das Mittelmeer mit Wasser aus dem Atlantik versorgt wird. Aber wie könnte das geschehen sein? Derzeit konkurrieren zwei Theorien: Eine Erdplatte, der sogenannte Gibraltar-Bogen, habe sich gedreht – und den Seeweg schließlich blockiert. Oder es waren Vulkane, die den Zugang zum Mittelmeer verstopft haben.

Ana Crespo-Blanc und ihre Kollegen von der Universität Granada in Spanien vertreten die erste These. Sie haben die Bewegungen der Erdplatten rekonstruiert, die bei Gibraltar ein kompliziertes Puzzle vieler Platten sind. Die Region geriet einst in den Sog der Alpenentstehung: Die Afrikanische Erdplatte schiebt sich wie ein Sporn in die Europäische, wobei sich in der Knautschzone die Alpen türmen. Auch westlich und östlich verbiegen sich seither die Platten. Vor neun Millionen Jahren, berichten Ana Crespo-Blanc und ihre Kollegen, begann sich dabei ein knapp 200 Kilometer breiter Block entgegen dem Uhrzeigersinn in die Straße von Gibraltar zu drehen – bis die sich schließlich vor knapp sechs Millionen Jahren geschlossen hatte.

Ihre Kollegen um Guillermo Booth-Rea von derselben Universität hingegen präsentierten Bilder des Untergrunds vor Gibraltar, die sie mit Schallwellen gewonnen hatten. Dort taucht eine Erdplatte unter eine andere. Die Bilder zeigen die kilometerdicken Ablagerungen von Vulkanen, die vor zehn bis sechs Millionen Jahren am Meeresgrund ausgebrochen waren. Sie könnten den Seeweg schließlich blockiert haben, meinen die Forscher.

War der Wasserzufluss ausgedünnt, könnte eine Kettenreaktion eingesetzt haben, meint Rob Govers von der Universität Utrecht in den Niederlanden: Eine leichte Absenkung des

Wasserpegels reiche aus, um die Austrocknung des Mittelmeers unumkehrbar zu machen. Als sich nämlich der Wasserspiegel senkte, wurde der Meeresgrund entlastet – er hob sich. Die Hebung verkleinerte die Straße von Gibraltar weiter. Folglich verringerte sich der Wasserzustrom aus dem Atlantik noch mehr – und damit wiederum die Wasserlast auf dem Meeresgrund. Die Hebung des Bodens setzte sich fort.

Dass das Mittelmeer überhaupt wieder volllief, verdankt sich nach Meinung der Forscher der abtauchenden Erdplatte: Sie zerrt den Grund des Mittelmeers unterhalb der Straße von Gibraltar mittlerweile mit in die Tiefe. Vor 5,3 Millionen Jahren hatte sich das Land so weit gesenkt, dass wieder Wasser vom Atlantik ins Mittelmeer strömte. Unvorstellbar große Wasserfälle müssen sich über die Schwelle von Gibraltar ergossen haben.

Auch in der Nordsee gibt es Spuren einer gigantischen Flutwelle. Vor 8150 Jahren fegten riesige Tsunamis über das Meer – eine Katastrophe für die Steinzeit-Europäer, wie das nächste Kapitel zeigt: Eine paradiesische Landschaft ging in den Fluten verloren.

4

Katastrophe im Steinzeitparadies

Es muss ein aufreibender Sommer gewesen sein vor etwa 8150 Jahren. Täglich gingen die Nordeuropäer auf Jagd, um Fleisch und Früchte für den langen Winter zu beschaffen und Vorräte anzulegen. Im Oktober schließlich zogen sie sich in ihre Hütten im milderen Flachland an der Küste zurück, dort schienen sie sicher. Doch eines Tages im Herbst – die Steinzeitmenschen hatten wohl gerade ihre Winterquartiere bezogen – brach eine der größten Katastrophen Europas über sie herein. Im Nordatlantik vor der Küste Norwegens, wo heute Bergen und Trondheim liegen, waren unterseeische Schlammmassen, größer als Island, abgerutscht, sie stürzten vom Flachwasser in die Tiefsee. Wie ein Stein in einer Pfütze löste die sogenannte Storegga-Lawine Wellen aus, die sich mit dem Tempo eines Düsenflugzeugs kreisförmig ausbreiteten. Kurz darauf brachen Riesenwellen an die Küsten, sie türmten sich bis zu 20 Meter hoch – und strömten Dutzende Kilometer landeinwärts.

Archäologen haben an allen Nordseeküsten von Norwegen bis Schottland Spuren der Katastrophe entdeckt: Im Osten Schottlands nahe dem heutigen Inverness hatte die Welle Menschen offenbar am Lagerfeuer überrascht, wie 25 Zentimeter dicke Sand- und Kiesablagerungen über einer Feuerstelle zeigen – sie befand sich damals auf einer Anhöhe, zehn Meter über dem Meer. Seeigelreste, Meeresmuscheln und Algen dokumentieren den Wasserstrom, der alles mitgerissen hat. In Norwegen, auf den Shetlandinseln und den Färöern liegen die Spuren der Verwüstung sogar noch höher über dem damaligen Meeresspiegel, bis zu 20 Meter messende Wogen krachten dort an Land. Die Altersbestimmung der Ablagerungen ergab übereinstimmend ein Alter von rund 8150 Jahren. Am schlimmsten aber trafen die Wellen das alte Herz Europas: Zwischen Großbritannien und Deutschland, auf dem heutigen Nordseeboden, lag Doggerland, eine Art Steinzeitparadies. Hunderte Funde von Steinwerkzeugen, Harpunen und menschlichen Knochen am Nordseegrund zeugen von Siedlungen, die Archäologen als »Garten Eden« bezeichnen, als das »wahre Herz Europas«. Man gelangte damals zu Fuß vom heutigen Norddeutschland nach Großbritannien.

Dann kamen die Fluten. Doggerland wurde vermutlich komplett überschwemmt. Weite Teile des sandigen Bodens wurden von Tsunamis weggespült. Die Storegga-Rutschung war wohl die Ursache für das Ende der Siedlungsgeschichte auf Doggerland – das zeigen Computersimulationen einer Forschergruppe um Jon Hill vom Imperial College London: Tsunamis rasten über die Nordsee, sie schluckten die Insel. Doggerland lag großteils weniger als fünf Meter über dem Meeresspiegel. Hills Simulationen zeigen dramatische Momente: Bis zu fünf Meter hohe Tsunamis rauschten auf die Insel. Danach ragten allenfalls noch Rudimente von Doggerland aus der Nordsee. Das einstige Herz von Europa hatte aufgehört zu schlagen.

Das Schicksal von Doggerland erwies sich als Glücksfall für die Küsten in seinem Rücken: Doggerland wirkte als Wellenbrecher, sodass die deutsche Nordseeküste, die Niederlande und Südengland lediglich einen Meter hohe Tsunamis zu überstehen hatten. Gleichwohl waren es heftige Fluten auch dort: Tsunamis wirken vor allem durch ihre extremen Wellenlängen von mehreren Hundert Kilometern, die rapide Strömungen weit ins

Land spülen. Das heutige Friesland etwa dürfte also große Mengen Sand verloren haben.

Auch im Rest Nordeuropas waren die Wirkungen der Tsunamis verheerender als lange angenommen. Die norwegischen Forscher Knut Rydgren und Stein Bondevik haben Pflanzenreste aus den steinzeitlichen Katastrophengebieten untersucht. Die Tsunamis kamen zur ungünstigsten Zeit, berichten die Geologen. Entscheidende Indizien des steinzeitlichen Massensterbens sind Moose. Sie wurden nach den Tsunamis vor 8150 Jahren unter Meeresschlamm begraben, sodass sie luftdicht versiegelt und erhalten blieben. Ihr Zustand verrät, zu welcher Jahreszeit die Riesenwellen zuschlugen. Jedes Jahr im Frühjahr bilden sich frische grüne Triebe aus, mit jedem Monat verzweigen sie sich. Die Moose in den vom Tsunami zerstörten Steinzeitsiedlungen verraten, dass sie im Spätherbst begraben wurden, berichten Rydgren und Bondevik. Eine erschütternde Entdeckung: »Die Steinzeitjäger waren zu dieser Zeit an die Küsten zurückgekehrt«, schreiben die Geologen. »Tsunamis haben folglich einen Großteil der Menschen erwischt, es muss schrecklich gewesen sein.« Die Überlebenden hatten einen harten Winter vor sich. »Der Verlust der Vorräte, Handwerkszeuge und Behausungen muss ein schweres Problem für sie gewesen sein«, schreiben Rydgren und Bondevik. »Viele dürften den Winter nicht überlebt haben.«

Auch heute können Strudel im Meer Menschen und Boote in die Tiefe reißen. Im nächsten Kapitel stelle ich einige der gefährlichsten Strömungen der Weltmeere und eine globale Bedrohung am Strand vor.

5

Tödlicher Sog ins Meer

Der Sommer lockt Urlauber ans Wasser, doch im Wasser droht Gefahr, auch in Strandnähe: Jedes Jahr zur Hochsaison reißen Meeresströme Touristen ins Verderben. Die Bedrohung ist heimtückisch: Anders als Stürme oder Wellen bleiben starke Strömungen eher unsichtbar. Besonders in Meerengen beschleunigt das Wasser, etwa zwischen Inseln oder am Eingang zu Atollen. Zwängen sich Wassermassen durch schmale Passagen, forcieren sie mitunter auf 40 Kilometer pro Stunde. Schiffe, die langsamer sind, werden wie Treibholz fortgespült. Strudel ziehen gekenterte Boote in den Abgrund.

Mahlstrom: Das Ohr an den Fußboden ihres Hauses gepresst, lauschen Bewohner der westnorwegischen Lofoteninseln dem gefährlichen Geblubber vor ihrer Küste. Dort rauscht der berüchtigte Mahlstrom vorbei. Die schnelle Strömung donnert an die felsigen Gestade, das Grollen dringt weit ins Land. Seefahrer fürchten den Mahlstrom nicht nur wegen seiner Rasanz, auch wegen seiner Strudel. In Edgar Alan Poes Geschichte *Sturz in den Mahlstrom* nehmen die Wirbel so große Dimensionen an, dass sie Schiffe verschlingen. So hilflos sind in Wirklichkeit selbst Segelboote nicht der Strömung ausgeliefert. Doch immer wieder gibt es Unfälle. Seit Jahrhunderten lockt der Strom Fischer. Denn Nährstoffe werden aufgewirbelt, sodass sich insbesondere Dorsch, Lachs und Scholle in der Meerenge einfinden. Der Preis für die reichen Fänge lässt sich am Meeresgrund ermessen. Dort liegen die Wracks unzähliger Fischerboote.

Saltstraumen: Weniger bekannt als der Mahlstrom, aber noch gefährlicher ist der Saltstraumen, die schnellste Gezeitenströmung der Welt. Eine steile Erhebung des Meeresbodens zwingt Meerwasser vom Boden an die Oberfläche, sodass es beschleunigt. Mit bis zu 40 Kilometern pro Stunde rauscht die Strömung zwischen den nordnorwegischen Inseln Straumen und Straumøy entlang. Boote, die langsamer sind, geraten in Schwierigkeiten – insbesondere, wenn sie in einen jener bis zu zehn Meter breiten Strudel geraten. Die Wirbel können Menschen in den Abgrund reißen. Um den Saltstraumen zu erleben, muss man sich jedoch nicht ins Wasser begeben: Das Spektakel lässt sich von einer 40 Meter hohen Brücke aus verfolgen.

Pentland Firth / Fall of Warness: Von großer Angst berichten Segler. »Unser Boot rappelte wie eine Kartoffelsortiermaschine«, heißt es im Tagebuch eines deutschen Weltumseglers. Von allen Seiten seien Wellen aufs Deck geklatscht. Ihre Sorge war berechtigt: Mehr als 60 Wracks rosten am Grund des Pentland Firth zwischen Schottland und den Orkneyinseln. Nun soll sich die Meerenge von einer Bedrohung für Seefahrer in ein Kraftwerk wandeln. Am Grund testen Ingenieure Turbinen: Vom Gezeitenstrom – dem Fall of Warness – angetrieben, sollen sie Energie liefern, um Zehntausende Haushalte mit Strom zu versorgen. Um das gigantische Bauwerk zu errichten, müssen allerdings Schiffe, Bagger und Kräne eingesetzt werden. Eine große Herausforderung – sie müssen der Strömung von 30 Kilometern pro Stunde standhalten.

Old Sow: Zwischen der US-amerikanischen Insel Eastport und der kanadischen Deer Island bildet sich bei Flut ein mehr als 70 Meter breiter »Gully« im Meer: »Old Sow«, zu Deutsch etwa »Alte Sau«. Die ungewöhnliche Form der Meerenge zwingt das Meer in eine Drehung: Das Wasser muss sich im rechten Winkel um die Küste schlängeln, trifft danach auf einen Unterseeberg, wobei es wie in einem Schwungrad beschleunigt. Der Old Sow habe »regelmäßig Schiffe verschluckt«, berichten Einheimische. »Falls dich Old Sow fängt«, raten sie, »bekämpfe sie nicht. Kontrolliere nur dein Boot, hindere es am Kentern.« Wenn man Glück hat, spuckt einen der Strudel wieder aus.

Rippströme, weltweit: Meistens bemerken Badende zu spät, dass sie in Gefahr sind. Ein Sog packt sie, zieht sie hinaus, wirft ihren Körper hin und her. Oft versuchen die Leute panisch, gegen die Strömung anzuschwimmen – sie haben keine Chance: Rippströme können auf zehn Kilometer pro Stunde beschleunigen, dagegen kommen nicht mal Schwimm-Olympiasieger an. In den USA sterben etwa 50 Menschen pro Jahr in Rippströmen, mahnt die Nationale Behörde für Ozean- und Atmosphärenforschung (National Oceanic and Atmospheric Administration, NOAA). Die einzige Rettung: Ruhig zur Seite schwimmen – Rippströme sind zwar stark, aber meist nicht breit. An Küsten kommen sie mit kräftigen – aber nicht unbedingt hohen – Wellen vor. Die Energie der Brandung wird am Strand reflektiert, Wasser strömt zurück. In Vertiefungen im Meeresboden oder in Lücken in einer Sandbank kanalisiert sich der Rückstrom: Je mehr Wasser sich im Rippstrom sammelt, desto schneller fließt er. Strände an der Ostsee und auf der deutschen Seite der Nordsee sind weniger gefährdet, in flacheren Nebenmeeren bewegt sich weniger Wasser, mithin weniger Energie – die Rückströme bleiben klein. Gefährlich kann es allerdings in den Prielen im Wattenmeer werden: In den kurvigen schmalen Sandgräben strömt auf- und ablaufendes Nordseewasser mit so starker Strömung, dass Schwimmer nicht gegenhalten können.

Hinweise auf Rippströme können sein: aufgewühltes Wasser; eine andere Färbung als in der Umgebung; eine chronische Lücke in der Brandung; oder Seetang, der zügig von der Küste nach draußen driftet.

Corryvreckan Whirlpool: »Als ob tausend unsichtbare Hände einen packen«, beschrieb ein Sporttaucher den Corryvreckan Whirlpool, eine Meerenge im Westen Schottlands zwischen den Inseln Scarba und Jura. Er hatte sich für ein Experiment an einer Sicherheitsleine in die Strömung gewagt. Vor »sehr starken und gefährlichen Turbulenzen« warnt ein Seefahrer-Leitfaden, »kein Schiff ohne Ortskenntnis sollte die Passage befahren«. Manche Abschnitte der Meerenge gelten als vollkommen unschiffbar. Wer die gewaltigen Strudel umkurvt, hat es mit ungewöhnlichem Wellengang zu tun – die Strömung wirft bis zu neun Meter hohe Wogen auf. Manche verharren stets an einer Stelle, es sind stehende Wellen – regelrechte Wände aus Wasser. Jürgen Rendtel war mit seinem Boot am Corryvreckan, kurz vor Neumond, wenn die Gezeitenströme besonders stark sind. »Es war praktisch windstill«, erzählt er, »so zeigte sich im Wasser der reine Effekt der Wirbel.« Motorbootfahrer beeindruckt auch der Moment, in dem sie den Corryvreckan Whirlpool verlassen: »Ganz plötzlich«, schreibt etwa der Wissenschaftsautor Simon Winchester, »ist es vorbei … Sofort herrscht Stille, dankenswerterweise.«

Während Seefahrer von Strömungen überrascht werden können, erkennen Satelliten die Wasserwirbel. Im nächsten Kapitel offenbaren Messungen die erstaunliche Macht der Strudel: In ihnen sammeln sich Müll und führerlose Schiffe.

6

Die Kraft der Riesenwirbel

Seefahrer erkennen Eddies am würzigen Geruch und ihrer grünen Trübung – Seetang und Algen sammeln sich in den Wirbeln im Meer, die Hunderte Kilometer breit werden. Sie saugen ein, was sie zu fassen kriegen: Mitten im Pazifik entstehen so riesige Müllwirbel mit Fischernetzen, Plastik und Holzstücken. Tausende Spielzeugenten, die aus einem Schiffscontainer gefallen waren, drehten sich jahrelang gemeinsam durchs Meer. Auch führerlose Schiffe geraten ins Schlingern. Zwar werden sie nicht verschluckt wie in griechischen Sagen. Doch Boote ohne Antrieb trudeln langsam spiralförmig ins Zentrum eines sogenannten Eddies, das rund einen halben Meter tiefer liegt als die umgebende Wasseroberfläche. Die Wirkung solch großer Meereswirbel werde erheblich unterschätzt, meinen Forscher. Eddies begründen womöglich gar den Reichtum Nordeuropas.

Ihren ersten großen Wirbel im Meer tauften die Meeresforscher Bob. Sie entdeckten ihn im Februar 1977 noch vor seiner Geburt im Atlantik. Bob schlängelte als Mäander im Golfstrom vor der Küste der USA, seine Biegungen wurden immer extremer. Im März schälte er sich als eigenständiger Wirbel aus dem Golfstrom, kehrte im April zurück in den Golfstrom, kreiste einen Monat nebenher. Im Mai 1977 wurde Bob erwachsen, als 80 Kilometer breiter Wirbel kreiste er im Atlantik umher, sein Kurs verlief entgegengesetzt zum Golfstrom. Im September ordnete er sich schließlich wieder in den Golfstrom ein und löste sich Mitte des Monats auf. Spätestens seit Bob wissen Forscher, wie Eddies entstehen: Die Drehung der Erde zwingt Meeresströme in Kurven, die sich immer weiter krümmen, bis sie rotierende Kreise bilden.

Bob mussten Meereskundler noch vom Forschungsschiff aus verfolgen. Mittlerweile verraten sich die großen Wirbel auf Satellitenbildern – durch ihre Mulde im Zentrum. Radarsatelliten schicken elektromagnetische Wellen zur Erde. Je länger die Strahlen unterwegs sind, desto größer die Distanz. Diese Unterschiede in der Laufzeit der Strahlen enthüllen Beulen und Dellen auf dem Meer. Die Menge an großen Wirbeln auf den Ozeanen habe sie verblüfft, berichten Forscher um Zhenguang Zhang von der Ocean University of China in Qingdao. Ihre Auswertung von Satellitendaten und Bojenmessungen aus zehn Jahren habe gezeigt, dass alle Eddies zusammen stets die zweihundertfache Wassermenge voranwirbelten, die der Amazonas ins Meer schwemmt. Ein Ergebnis mit Folgen: Bislang schien es, als trieben vor allem die großen Strömungen, die sogenannten Ozeanförderbänder, das Wasser über die Meere. Der Golfstrom etwa schwemmt warmes Wasser aus den Tropen ins Nordmeer, wo es die Luft wärmt. Deshalb herrscht in Nordeuropa milderes Klima als andernorts in diesen Breiten – statt karger Tundra gedeiht hier üppige Vegetation. Der Ursprung unseres Wohlstands liegt also auch im tropischen Ozean.

Zhangs Studie aber zeigt, dass die Wärme nicht nur mit dem Ozeanförderband, sondern in großem Ausmaß auch mit den Eddies transportiert wird – auch sie haben demnach erheblichen Anteil am günstigen Klima Nordeuropas. Andere Wissenschaftler stimmen zu: »Weitere Messungen haben gezeigt, dass die Wirbel einen erheblichen Anteil am Wassertransport haben«, sagt Martin Visbeck vom Helmholtz-Zentrum für Ozeanforschung Kiel.

Gemächlich bewegen sich die Eddies voran; mit etwa fünf Kilometern pro Tag. Ihre Ausdehnung in die Tiefe macht sie so bedeutend: Bis zu einen Kilometer tief reichen die umgedrehten rotierenden Kegel aus Wasser. Es sei äußerst kompliziert, die Wassermenge der keulenförmigen Gebilde zu berechnen, gibt Jin-Song von Storch zu bedenken, Ozeanforscherin am Max-Planck-Institut für Meteorologie in Hamburg.

Eddies könnten viele Rätsel der Ozeane erklären: Wohin schwappen Ölteppiche und Müll? Wohin treiben Nährstoffe und im Gefolge Fische? Und vor allem: Wohin schwemmt das warme Wasser? Noch rätseln Wissenschaftler, wie groß der Wasseraustausch der Eddies mit ihrer Umgebung ist: Hält ihre Drehung womöglich das Wasser über Tausende Kilometer zusammen, sodass sie nur wenig verlieren? In dem Fall dürften die Wirbel umso größere Mengen an Nährstoffen, Salz, Müll und Wärme von einer Küste zur anderen tragen. Das Geheimnis ihrer Macht liegt weiterhin in den dunklen Tiefen der Ozeane.

Unsichtbar ist auch eine andere Kraft der Meere, von ihr handelt das nächste Kapitel: Das Treibhausgas CO_2 lässt das Wasser saurer werden. Forscher sprechen von einem der größten Umweltprobleme.

7

Die Wandlung der Ozeane

Im Herbst 2011 blieben an der Westküste der USA die Netze der Austernfischer plötzlich leer. Was war geschehen? Der pH-Wert, ein Maß für den Säuregehalt, lag niedriger als sonst, das Meerwasser war saurer geworden. Tiefenwasser war an die Küste geströmt. Das haben die Austern offenbar nicht vertragen.

Der Vorfall war nur ein Vorgeschmack auf das, was noch kommt, warnt der Klimarat der Vereinten Nationen in seinem neuen Sachstandsbericht. Weltweit werden die Ozeane saurer. Ursache ist das Treibhausgas Kohlendioxid CO_2, das aus Autos, Fabriken, Heizungen und Kraftwerken in die Luft gelangt. Gut 20 Millionen Tonnen CO_2 pro Tag nehmen die Ozeane auf. Im Wasser wandelt sich das Gas zu Säure. Manchen Krustentieren wie Korallen oder Austern fällt es in saurerem Wasser schwerer, ihre Schalen aufzubauen. Andere Organismen aber scheinen regelrecht aufzublühen. Was geht da vor? Die Warnungen des UN-Klimarats (IPCC) klingen dramatisch:

- Seit Beginn der Industrialisierung seien die Ozeane deutlich saurer geworden.
- Vor allem das Wachstum von Korallen könnte im Lauf von Jahrzehnten erheblich gehemmt werden.
- Besonders gefährdet sind Krustentiere in Polarregionen; in kühlem Wasser löst sich mehr CO_2.

- Indirekte Auswirkungen auf den Lebensraum Ozean könnten gravierend sein: Kleinstlebewesen mit ihren Kalkskeletten bilden eine Basis der Nahrungskette. Mit ihrem Verschwinden ginge die Lebensgrundlage vieler größerer Meeresbewohner verloren.
- Die Versauerung schreite vermutlich so schnell voran wie seit 300 Millionen Jahren nicht.

Die letzte Einschätzung ist allerdings umstritten. »Die erdgeschichtlichen Daten sind vermutlich nicht sehr robust«, kritisiert der Biochemiker Kenneth Johnson vom Monterey Bay Aquarium Research Institute in den USA. Es sei schwierig, den pH-Wert vergangener Epochen zu schätzen. Ob die aktuelle Entwicklung einzigartig sei, scheint zweifelhaft: Besonders zu Zeiten geologischer Katastrophen könnten die Ozeane rapide versauert sein, etwa nach Meteoriteneinschlägen oder vor 55 Millionen Jahren, als Wärmeschocks die Welt heimsuchten. Der Säuregehalt der Ur-Ozeane wird vor allem anhand der CO_2-Menge geschätzt, die in Bläschen in Eisschichten aus der Luft vergangener Epochen konserviert ist. Doch der pH-Wert der Meere hängt auch von anderen Einflüssen ab, etwa der Temperatur und der chemischen Zusammensetzung des Wassers. Auch die Menge zweier Varianten des Elements Bor in Kalkschalen aus früheren Zeiten gibt Aufschluss: Organismen bauen je nach pH-Wert beide Bor-Varianten in unterschiedlichem Maße ein. Fossilien decken die Vergangenheit jedoch nur spärlich ab, die Entwicklung des pH-Werts zeigen sie unvollständig. Wie besonders die derzeitige Versauerung ist, sei aber gar nicht entscheidend, betont Johnson. »Auch wenn die derzeitige Entwicklung nicht einzigartig wäre, ist sie gefährlich«, sagt der Wissenschaftler. Es sei schlicht fraglich, ob sich Lebewesen schnell genug anpassen können.

»Die Versauerung hat uns Meeresforscher überrascht«, sagt

seine Kollegin Verena Tunnicliffe von der University of Victoria in Kanada. Zunächst hatten die Forscher angenommen, dass die Ozeane eine verstärkte Zunahme des CO_2 »wegpuffern«, also ausgleichen könnten. Anscheinend ein Irrtum. Allmählich erkennen die Wissenschaftler das Ausmaß der Umweltveränderung. Meereswasser ist basisch, doch seit Beginn der Industrialisierung ist der durchschnittliche pH-Wert von 8,2 auf rund 8,1 gefallen, also deutlich saurer geworden. Würde sich die CO_2-Menge in der Luft gegenüber der vorindustriellen Zeit verdoppeln – was bis Ende des Jahrhunderts geschehen könnte –, könnte der pH-Wert im Meer auf 7,9 sinken. Eine CO_2-Verdreifachung würde den Wert sogar auf gut 7,7 treiben.

Zahlreichen Organismen, etwa Korallen, fällt es mittlerweile schwerer, ihre Schalen, Skelette oder Gehäuse aufzubauen, heißt es im UN-Klimareport:

- Die Tiefe, ab der Kaltwasserkorallen bestehen können, die sogenannte Karbonat-Kompensationstiefe, scheint bereits um 400 Meter nach oben gewandert.
- Auch oberhalb dieser Linie fällt es Kaltwasserkorallen schwerer, Kalkskelette zu bilden.
- Rotalgen, die mit Korallen in Symbiose leben, vermehren sich in angesäuertem Wasser deutlich weniger.
- Einigen Kalkalgen fällt es schwerer, ihre Schalen zu entwickeln.
- Manchen Muscheln geht es offenbar ähnlich, einige werden in saurerem Wasser zudem anfälliger für Krankheiten.
- Larven des Grünen Seeigels verarbeiten ihre Nahrung schlechter in angesäuertem Wasser.
- Auch bei Kalmaren wurde geschwächter Stoffwechsel in angesäuertem Milieu beobachtet.
- Gehäuse von Meeresschnecken zeigen bereits Auflösungserscheinungen.

Allerdings bergen manche Experimente Überraschungen: »Die meisten Pflanzen, inklusive Algen, reagieren zunächst positiv auf eine erhöhte CO_2-Menge«, heißt es im UN-Report. Die heimliche Königin der Meere ist die winzige Kalkalge *Emiliania huxleyi*. Sie macht ungefähr die Hälfte der Masse aller Kalkorganismen im Ozean aus. Und die Alge scheint sich in saurem Wasser wohlzufühlen. Analysen haben gezeigt, dass *Emiliania huxleyi* wesentlich größere Schalen produzierte, nachdem Wasser im Labor mit CO_2 angesäuert worden war. Auch Seepocken und zahlreiche Algen florieren in saurerem Wasser. CO_2 wirke also nicht nur zersetzend, sondern regelrecht als Energiespender, heißt es im UN-Klimareport: Aus CO_2 und Sonnenlicht betreiben Pflanzen ihren Stoffwechsel. »CO_2 funktioniert wie Treibstoff«, sagt Maria Cristina Gambi, Meeresforscherin an der Stazione Zoologica Anton Dohrn in Neapel. Manche Organismen würden deshalb von der Zufuhr des Treibhausgases eher profitieren, resümiert der UN-Klimarat. Viele Kalkalgen-Schalen seien seit Beginn der Industrialisierung um 40 Prozent gewachsen – und das im Zuge der fortschreitenden Versauerung.

Vielerorts leben Organismen schon heute in saurerem Milieu: »In etlichen Gewässern liegt der pH-Wert von Natur aus so niedrig, wie es weltweit für die Zukunft vorhergesagt wird«, sagt Ian Joint von der Marine Biological Association von Großbritannien. Im Ozean in wenigen Hundert Metern Tiefe oder in manchen Seen beispielsweise. Und am Marianengraben siedeln unmittelbar neben Fontänen aus sauren Gasen üppige Muschelkolonien. Können Organismen in sauren Meeren womöglich doch bestehen? »Allein der pH-Wert scheint keine Barriere für Bakterien und Plankton zu sein«, sagt Joint. In Regionen mit saurerem Wasser florieren Lebewesen, die an das spezielle Milieu angepasst sind. Die Versauerung würde aber Lebewesen treffen, die das neue Milieu nicht tolerieren könnten.

Die bedeutendsten Korallen jedoch, die Steinkorallen der Ordnung *Scleractinia*, würden die Versauerungskrise wohl überstehen – allerdings ziemlich nackt. Experimente über ein Jahr haben gezeigt, dass sie selbst bei extrem niedrigem pH-Wert von 7,3 leben können. Zwar lösten sich die Skelette der Koralle auf, ihre Weichteile aber blieben intakt und mit dem Boden verbunden. Und als das Wasser entsäuert worden war, bauten sie ihre Skelette wieder auf. Der Versuch könnte womöglich erklären, warum die Korallen auch schwere Umweltkrisen der Erdgeschichte überleben konnten. Wie die Meereswelt auf die Versauerung reagieren werde, sei im Einzelnen ungewiss, folgert Sam Dupont von der Universität Göteborg. Selbst verwandte Arten reagierten unterschiedlich auf höheren Säuregehalt. Die Hoffnung also ist, dass die Artenvielfalt erhalten bleibt, sofern neue Organismen in die Nischen stoßen, die andere wegen der Versauerung geräumt haben. »Wir kennen die Empfindlichkeit der Organismen nicht«, sagt Maria Cristina Gambi.

Es scheint letztlich eine Frage der Energie: In saurerem Wasser benötigen Lebewesen mehr Energie für den Aufbau ihrer Skelette. »Manche können den Mehraufwand wohl kompensieren, aber sie geraten vermutlich in Nachteil zu anderen Organismen, die mit weniger Energie auskommen.« Das Versauerungsproblem werde erst »seit Kurzem« und »unzulänglich« erforscht, heißt es im UN-Report; man beginne es erst zu verstehen. Das Manko vieler Beobachtungen sei, dass sie sich lediglich auf Laborstudien stützten, nur selten würden sie in Freilandstudien überprüft. Die Erkenntnisse stammten vor allem aus »großen Plastikbeuteln«, veranschaulicht Scott Doney von der Woods Hole Oceanographic Institution in den USA die Laborsituation. Oft wurde der pH-Wert einfach gesenkt, meist mit Salzsäure, was die Ergebnisse verfälscht – denn der Dünge-Effekt von CO_2 zum Beispiel wird dabei unterschlagen.

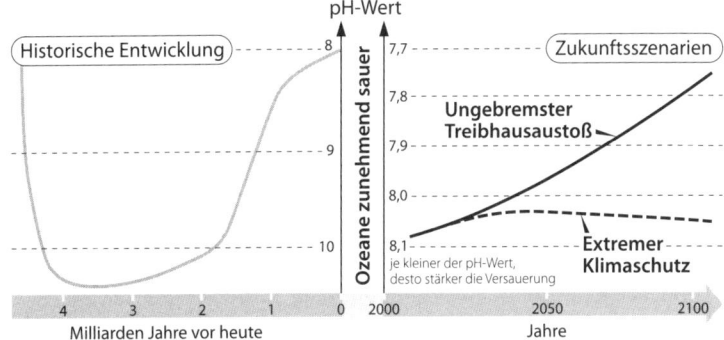

Versauerung der Meere, Veränderung des pH-Werts

Es fehlen die großen Studien im Meer. Erste Freilandexperimente im Ozean stimmten wenig hoffnungsvoll. Vor Norwegen haben die Forscher Experimente durchgeführt. Die Versauerung setzte den Kalkalgen schwer zu.

Erkenntnisse über die Epoche der Dinosaurier säen Zweifel am Alarmismus. Ausgerechnet in dem Erdzeitalter, als die Erde ein »Super-Treibhaus« war, die Luft also deutlich mehr CO_2 enthielt als heute, fühlten sich Kalkorganismen in den Meeren besonders wohl. Mächtige Kreide-Ablagerungen wie die Klippen von Dover und die Rügener Kreidefelsen bezeugen die Hochzeit der Schalentiere während der warmen Kreidezeit vor mehr als 65 Millionen Jahren. Der entscheidende Unterschied könnte sein, dass sich die Lebewesen während der Kreidezeit vermutlich auf die extreme Umwelt einstellen konnten. Heute versauerten die Meere wahrscheinlich schneller, meinen Wissenschaftler. Auf lange Sicht stabilisiert sich der pH-Wert: Das saurere Wasser löst Kalkstein, und der Kalk senkt als Lauge den pH-Wert. Der Puffer wirkt jedoch erst allmählich: Es dauert Abertausende Jahre, bis genügend Kalk gelöst wurde, um die Versauerung zu neutralisieren. Möglicherweise habe es zur Zeit

41

der Dinosaurier auch weniger Konkurrenten für Kalkorganismen gegeben, meinen Experten. Unter Bedingungen eines schwächeren Wettbewerbs um Nahrung könnten es sich Lebewesen leisten, mehr Energie für den Bau ihrer Kalkschalen aufzuwenden, ohne dass sie ins Hintertreffen geraten.

Abgesehen von den Kalkorganismen – welche Auswirkungen hat die Versauerung auf die übrige Lebenswelt? Der UN-Klimareport konstatiert zwar mangelhafte Kenntnisse, trotzdem vertreten viele Forscher die sogenannte Nullhypothese, die den Forschungsstand darstellen soll: Demnach dürften die meisten biologischen Prozesse von dem Wandel unberührt bleiben. Diese These sei schwer zu widerlegen, weil die Meereswelt »hoch anpassungsfähig« sei, sagt Verena Tunnicliffe. Auch Fische und Säugetiere würden von der Versauerung betroffen, meint Timothy Wootton von der University of Chicago. »Nahezu jede chemische Reaktion wird vom pH-Wert beeinflusst, es gibt also vermutlich diverse biologische Effekte«, fürchtet er. »Wir wissen nicht, wie das Ökosystem Ozean auf die Versauerung reagieren wird«, betont Christopher Sabine vom Pacific Marine Environmental Laboratory in Seattle, USA. »Auch in einem versauerten Ozean wird es Leben geben«, sagt Verena Tunnicliffe. »Aber zu welchem Preis?« Die Wissenschaft steht erst am Anfang bei der Erforschung des vielleicht bedeutendsten Umweltproblems. Es verbirgt sich in einem Meer von Unwissen.

Die Sache muss nicht unbedingt schlimm ausgehen. Das nächste Kapitel erzählt davon, wie es der Menschheit gelang, eines der größten Umweltprobleme der Welt gemeinsam zu lösen: Die Ozonschicht beginnt endlich zu heilen. Sie schützt Lebewesen vor krebserregender Strahlung.

8

Das Ozonloch schließt sich

Lange schwand schützendes Ozon am Himmel, weil der Mensch Fluorchlorkohlenwasserstoffe (kurz FCKW) in die Luft entließ. Schädliche UV-Strahlung der Sonne erreichte deshalb vermehrt den Boden, vermutlich erkrankten dadurch viele Menschen an Hautkrebs. Das Verbot ozonzerstörender Substanzen vor 29 Jahren sorgt seit einiger Zeit für positive Schlagzeilen: Der Zerfall der Ozonschicht sei gestoppt, melden Forscher immer wieder. 2010 wurden erste Signale einer Heilung registriert.

Der Kampf der Menschheit gegen das selbst verschuldete Ozonloch gilt als größter Erfolg internationaler Umweltpolitik. Den entscheidenden Beweis fanden Forscher mit Wetterballons und Satelliten: Messungen zeigten, dass die Ozonschicht tatsächlich dicker geworden ist.

Grund für die Zuversicht ist die Jahreszeit einer besonderen Entdeckung: der September. Der Monat ist die entscheidende Phase, um eine Heilung zu erkennen. Das Ozonloch bildet sich über der Antarktis, wenn dort der Frühling beginnt. Dann geht nach dunklem Winter wieder die Sonne auf, und gleichzeitig ist es noch winterlich kalt. Unterhalb von minus 78 Grad Celsius beginnen die FCKW in etwa 20 Kilometer Höhe unter Mithilfe der einsetzenden Sonnenstrahlung mit der Zersetzung der Ozonschicht. Ende September oder Anfang Oktober erreicht das Ozonloch meist seine größte Ausdehnung (ab November verschwindet es wieder, dann wird es über der Antarktis zu warm). »Ich glaube, wir hatten uns bislang alle zu sehr auf die Zeit der größten Ausdehnung konzentriert«, sagt Susan Solomon vom Massachusetts Institute of Technology in Cambridge, USA, eine der Entdeckerinnen der Heilung der Ozonschicht.

Zur Zeit seines Maximums schwankt die Größe des Ozonlochs erheblich, sie hängt von zahlreichen Einflüssen ab. Wegen der großen Unterschiede von Jahr zu Jahr lässt sich eine beginnende Heilung der Ozonschicht deshalb nur am Anfang der Ozonlochsaison erkennen, also Anfang und Mitte September. Und diese Entdeckung präsentierten die Forscher um Solomon: Um 2,5 Dobson-Einheiten pro Jahr habe die Ozonmenge über der Antarktis zugenommen; Dobson ist ein Maß für die Ozonmenge. Durchschnittlich ist die Ozonschicht 350 Dobson dick, zu Zeiten des Ozonlochs aber deutlich kleiner als 200. Übertragen auf die Breite des Lochs in der Ozonschicht heißt das: Das September-Ozonloch ist um etwa vier Millionen Quadratkilometer geschrumpft, also um ein Areal größer als Indien; oft erreicht das Ozonloch im Oktober eine Größe von mehr als 20 Millionen Quadratkilometern. »Wir haben den Fingerabdruck für die September-Heilung der Ozonschicht identifiziert«, jubeln die Wissenschaftler. »Man sieht eine leichte Verlangsamung des Ozonabbaus im September, direkt nach dem polaren Sonnenaufgang«, kommentiert Christoph Brühl vom Max-Planck-Institut für Chemie in Mainz die Daten.

Um auszuschließen, dass natürliche Einflüsse für den Ozonzuwachs verantwortlich waren, ließen Solomon und ihre Kollegen Wettersimulationen laufen. Das Ergebnis: Höchstens die Hälfte des Zuwachses sei mit Wetterschwankungen erklärbar. Aber auch der neue Befund unterliege Unsicherheiten, gibt NASA-Forscher Paul Newman zu bedenken. Besonders ein Mysterium beschäftigte die Wissenschaftler: Warum klaffte noch vergangenen Herbst das zweitgrößte Ozonloch über der

Antarktis, obwohl doch stetig weniger FCKW in der Atmosphäre sind? Die Forscher bieten eine Erklärung: Der Ausbruch des Vulkans Calbuco in Chile sei schuld. Partikel aus Vulkanen beschleunigen den Ozonabbau. Vulkanausbrüche, schreiben die Forscher, hätten in den vergangenen zehn Jahren die Heilung der Ozonschicht verlangsamt. Der Befund verdeutliche, wie groß der Einfluss natürlicher Faktoren sei: Auch die Aktivität der Sonne, die Temperatur hoher Luftschichten, Klimaveränderungen und Winde verändern die Stärke, mit der FCKW die Ozonzersetzung vorantreiben können.

Die vom Menschen freigesetzten FCKW sammeln sich noch immer in der Höhe, selbst fast 30 Jahre nach ihrem Verbot. »Noch ist genügend Chlor vorhanden, um bis Anfang Oktober das gesamte Ozon im antarktischen Polarwirbel zu zerstören«, sagt Brühl. Es werde deshalb noch Jahrzehnte dauern, bis von einer kompletten Heilung der Ozonschicht gesprochen werden könnte, ergänzt sein MPI-Kollege Jos Lelieveld. Gleichwohl laute die positive Botschaft, dass der Mensch die Umweltkatastrophe Ozonloch wieder rückgängig machen kann. Die neuen Ergebnisse zeigten, dass die Heilung zwar langsam verlaufe, bestätigt Ozonloch-Forscher Markus Rex vom Alfred-Wegener-Institut. »Klar ist aber: Unsere Kinder und Enkel werden erleben, wie das Ozonloch verschwindet.«

Oberhalb der Ozonschicht geschieht Mysteriöses. Seit mehr als einem halben Jahrhundert rätseln Forscher über einen unsichtbaren Spiegel, der hoch am Himmel Radarwellen reflektiert. Das nächste Kapitel liefert eine Erklärung für das Mysterium.

9

Mysteriöse Himmelsechos

Täglich zur Dämmerung geschieht es. Radarwellen, die Wissenschaftler gen Himmel schicken, kommen zurück zur Erde. 150 Kilometer über der Erde werden sie reflektiert wie an einem unsichtbaren Spiegel. Tagsüber verstärken sich die Echos, und sie kommen immer schneller zurück. Denn zur Mittagszeit sinkt der mysteriöse Horizont, der die Radarwellen reflektiert, auf 25 Kilometer. Abends steigt der Spiegel der Echos wieder auf 150 Kilometer Höhe. In der Nacht verschwindet er.

1962 waren die Reflexionen entdeckt worden. »Seither haben wir versucht herauszufinden, was vor sich geht«, sagt Jorge Chau vom Leibniz-Institut für Atmosphärenphysik in Kühlungsborn. Doch weder Satelliten noch Raketen, Laser oder andere Instrumente wurden fündig. Sie entdeckten keine verdächtigen Substanzen in der Luft. Es war also unvermeidlich, dass Signale Außerirdischer als Ursache der Echos ins Gespräch kamen. Wissenschaftler hatten jedoch schnell die Sonne in Verdacht – schließlich entscheidet offenbar ihr Stand über die Stärke der Echos. Und bei Sonnenfinsternis versiegen sie, bei Eruptionen von Sonnenteilchen erstarken die Reflexionen.

Forscher der Boston University meinen, das Rätsel gelöst zu haben. Am Computer simulierten sie, wie Sonnenstrahlung auf Partikel in der Atmosphäre wirkt. Es fängt damit an, dass die Ultraviolettstrahlung der Sonne Moleküle auseinanderreißt:

Teilchen aus Sauerstoff (O_2) und Stickstoff (N_2) verlieren negativ aufgeladene Elektronen, also jene Kleinstpartikel, die wie Planeten die Kerne der Sauerstoff- und Stickstoffatome umkreisen. Damit starte eine Kettenreaktion, berichten Meers Oppenheim und Yakov Dimant von der Boston University: Die negativ geladenen Elektronen schießen mit extremer Geschwindigkeit los. Sie versetzen langsamere Elektronen in Schwingung – ähnlich wie Bögen, die über Geigensaiten streichen. Dann passiert das Entscheidende: Das elektrische Feld der negativ geladenen Elektronen bringt die nun positiv geladenen Sauerstoff- und Stickstoffteilchen in Schwingung. Der Effekt sei vergleichbar mit einem Kind auf einer Schaukel, das immer wieder angeschubst werde, sagt Oppenheim. Eine Welle schwingender Teilchen entstehe, an der ein Teil der Radarwellen regelrecht abpralle: Die positiv geladenen Teilchen würden bei ihren Schwingungen örtlich zusammengedrängt, erläutert Oppenheim. Diese Regionen höherer Dichte seien für manche Radarwellen undurchdringlich.

Die Partikelwelle entsteht nur in einem bestimmten Winkel zur Sonne: Morgens, wenn die Sonne flach über dem Horizont steht, brechen ihre Strahlen die Moleküle in größerer Höhe als mittags, wenn die Sonne ihren höchsten Stand erreicht. »Die Erklärung scheint mir vielversprechend«, sagt Jorge Chau vom IAP, der das Phänomen seit Langem erforscht. Die Forscher hätten wesentliche Merkmale des beobachteten Effekts am Computer nachbilden können. Der atmosphärische Strahlenspiegel könne sich als nützlich erweisen für die Wissenschaft, meint Oppenheim. Weil er mit Radar gut zu verfolgen sei, könne er Schwingungen der Luft verraten, sogenannte atmosphärische Gezeiten, die Einfluss auf das Wetter zu haben scheinen.

Das Rätsel der Echos gelöst zu haben, macht die Forscher froh: »Wenn man etwas durchdacht hat, was niemand zuvor durchdacht hat«, sagt Oppenheim, »das ist es, wofür es sich zu forschen lohnt.«

Noch höher als der Himmelsspiegel erscheint regelmäßig ein anderes erstaunliches Phänomen. Nach Sonnenuntergang leuchten dort silberne Schleier, des Sommers höchste Wolken. Die geheimnisvollen Überflieger werden häufiger. Das nächste Kapitel erzählt, was an der Grenze zum Weltall vor sich geht.

10

Nächtliche Leuchtwolken

Im Sommer glitzert nachts häufig der Himmel an der Grenze zum Weltall – bis etwa eine Stunde nach Sonnenuntergang im Westen und ab einer Stunde vor Sonnenaufgang im Osten. Die silber-bläulich glimmenden feinen Schleier aus winzigen Eispartikeln reflektieren das Licht der soeben untergegangenen Sonne. Wenn die Sonne mehr als 16 Grad unter den Horizont getaucht ist, erlischt das Glimmen. Die leuchtenden Nachtwolken (einen Link zu Fotos finden Sie im Anhang) schweben rund 85 Kilometer über der Erde an der Grenze zum Weltall.

Die schönen Überflieger sind meist nur in hiesigen Breiten zu beobachten, von der Ostsee bis nach Österreich. Sie erscheinen nur im Sommer, meist von Juni bis Mitte August – nur zu dieser Zeit sind die Voraussetzungen für die Bildung der Eisschleier gegeben: Im Sommer ist es paradoxerweise in großer Höhe am kühlsten, weil Wasserdampf in unteren Luftschichten mehr Wärme zurückhält. In niedrigeren Breiten hingegen ist es ganzjährig zu warm. Und nördlich des 65. Breitengrads gibt es die Eisschleier im Sommer zwar – aber man sieht sie nicht: Der Himmel wird dort nicht dunkel, die Eiswolken werden überstrahlt.

Am frühen Morgen des 14. Juni 2012 aber ereignete sich über Südspanien eine kleine Sensation: Am Nachthimmel leuchteten die silbernen Schleier. Forscher staunten; sie sprachen von einem »extremen Wetterereignis«, das unerklärlich sei. In dieser Region, so glaubte man, wäre es zu warm für die Eisschleier. Auch in Deutschland werden Leute von den Himmelserscheinungen überrascht – mehrfach hat der Schimmer bereits Menschen veranlasst, die Ufo-Meldestelle in Mannheim zu kontaktieren. Tatsächlich sind die leuchtenden Nachtwolken noch immer mysteriös. Manchmal, so viel steht immerhin fest, waren es Raumfähren, deren Abgase Leuchtwolken schufen. Aber sonst? Forscher rätseln, wie die Nachtwolken entstehen. Bilden kosmische Partikel die Keimzellen? Meteoritenstaub und Vulkanasche allein jedenfalls reichten als Erklärung nicht aus, es seien zu wenige, meinen Experten.

Das Höhenklima ist eigentlich ungünstig für die Wolken: Die Eisschleier bilden sich, obwohl es 85 Kilometer über der Erde zig Millionen Mal trockener ist als in der Sahara. Dass in der extremen Dürre dennoch frostiger Nebel entsteht, liegt an der extremen Kälte von rund minus 140 Grad Celsius: Wie an einer kalten Fensterscheibe genügt in 80 Kilometer Höhe ein Hauch, um Eisnebel zu erzeugen – die leuchtenden Nachtwolken. Wann sie sich aber bilden, sei noch immer unvorhersehbar, sagt Gerd Baumgarten vom Leibniz-Institut für Atmosphärenphysik in Kühlungsborn. Genauso plötzlich, wie die Wolken auftauchten, verschwänden sie auch. Die flüchtigen Schleier lassen sich nur schwer beobachten. Solange sie nicht leuchten, können nur Laserstrahlen sie erspähen: Ihre Echos verraten die Eispartikel. Höhenstürme treiben die Eiswolken demnach oft mit Rennwagengeschwindigkeit umher – was die Schleier noch flüchtiger macht.

Die Beobachtungen der vergangenen Jahre haben das Mysterium der leuchtenden Nachtwolken noch vergrößert:

- Das Sonnen-Rätsel: Offenbar schwankt die Zahl der Leuchtwolken im Rhythmus mit der Aktivität der Sonne – je schwächer der Stern strahlt, desto mehr Eisschleier scheint es zu geben. Zerstört etwa verstärkte Sonnenstrahlung die Kondensationskeime in hohen Luftschichten, sodass sich weniger Eiswolken bilden?

- Das Fress-Rätsel: Die Eiswolken fressen anscheinend regelrechte Schneisen in die Umgebung – wo sie sind, bleiben keine Kaliumteilchen übrig. Auch andere Substanzen wie Ozon würden von dem Eis angegriffen, berichten Forscher der University of East Anglia in Norwich, Großbritannien. Welchen Einfluss haben die leuchtenden Schleier dadurch auf die Witterung?

- Das Klima-Rätsel: Sind die Schönheiten der Nacht Vorboten der globalen Erwärmung? Treibhausgase wärmen untere Luftschichten; nach oben jedoch wird weniger Wärme abgestrahlt, wenn sich der Treibhauseffekt verstärkt. Das Höhenreich der Nachtwolken dürfte also im Zuge der Klimaerwärmung weiter abkühlen – die Bedingungen für Eisbildung würden sich damit verbessern. Werden in Zukunft also mehr leuchtende Nachtwolken zu sehen sein?

Tatsächlich sind leuchtende Nachtwolken über die vergangenen Jahrzehnte häufiger und heller geworden. Das haben Messungen von Wettersatelliten seit den Achtzigerjahren gezeigt. Die Satelliten messen die unsichtbare Ultraviolettstrahlung der Sonne, die an den Eiswolken reflektiert wird. Je mehr Strahlung an den Eisteilchen abprallt, desto dichter sind die Wolken – und desto heller wirken sie. Die Luft der oberen Mesosphäre sei nicht nur abgekühlt, pro Jahrzehnt um ein halbes Grad, berichten Wissenschaftler. Gleichzeitig stehe mehr Eis zur Verfügung: Der Eisgehalt in der Höhe sei um ein Prozent pro Jahrzehnt gestiegen. Dies liege wohl am Treibhausgas Methan, auch Erdgas genannt, meinen die Forscher. Mit Abgasen gelangt es vermehrt in die Luft. Steigt Methan in die Höhe, wird das

Gas (chemische Formel: CH_4) von starker Sonnenstrahlung regelrecht zerrissen. Die Wasserstoffteilchen (H) verbinden sich mit Sauerstoff (O_2) zu Wasser (H_2O) – das in der Höhe zu Eis gefriert.

Das Schicksal einer leuchtenden Nachtwolke – so viel scheint klar – besiegelt die Schwerkraft: Die Eisteilchen werden schwerer, weil sich immer mehr Wasserdampf an sie heftet. Mehrere Zentimeter pro Sekunde sinken sie ab. Bald ist es zu warm für die Eiskristalle, sie beginnen zu verdampfen – die leuchtende Nachtwolke löst sich auf.

Manchmal verraten die Leuchtwolken auch ein anderes, normalerweise unsichtbares Phänomen: Riesige Wellen wogen durch die Luft. Das nächste Kapitel kommt den spukhaften Gebilden auf die Spur.

11

Unsichtbare Riesenwellen

Passagiere kennen das unangenehme Erlebnis: Flugzeuge holpern durch Turbulenzen, wenn die Luft in Schwingung gerät. Ursache können Schwerewellen sein, von der Schwerkraft ausgelöste Luftwogen. Luft kommt ins Schwingen, wenn sie beispielsweise über ein Gebirge strömt: Berge stauen den Luftstrom, der sich über hohe Gipfel zwingen muss. Auf der anderen Seite des Berges plumpst die Luft regelrecht nach unten – eine Luftwelle entsteht. Ihre Schwingungen lassen Luft absinken und aufsteigen – sie verändern das Wetter. In Wolken hinterlassen die Wogen eindeutige Spuren: Ihre Wellenkämme durchfurchen die weißen Himmelsschwaden.

Manche dieser Wellen reichen fast bis ins Weltall. Forschern sind spektakuläre Aufnahmen des spukhaften Phänomens gelungen. In Nordschweden konnten sie erstmals Schwerewellen in 85 Kilometer Höhe fotografieren. Um die Wellen zu entdecken, nutzten die Wissenschaftler einen Trick: An der Grenze zum Weltall leuchten manchmal Eiswolken, siehe voriges Kapitel. Gerät solch ein fliegender Funkelteppich in Schwingung, ist der Fall klar: Eine Schwerewelle durchwogt den Eisschleier. Von einem Forschungsflugzeug aus haben Wissenschaftler des Deutschen Zentrums für Luft- und Raumfahrt, des Karlsruher Instituts für Technologie und des Forschungszentrums Jülich das Schwingen der Höhenluft filmen können.

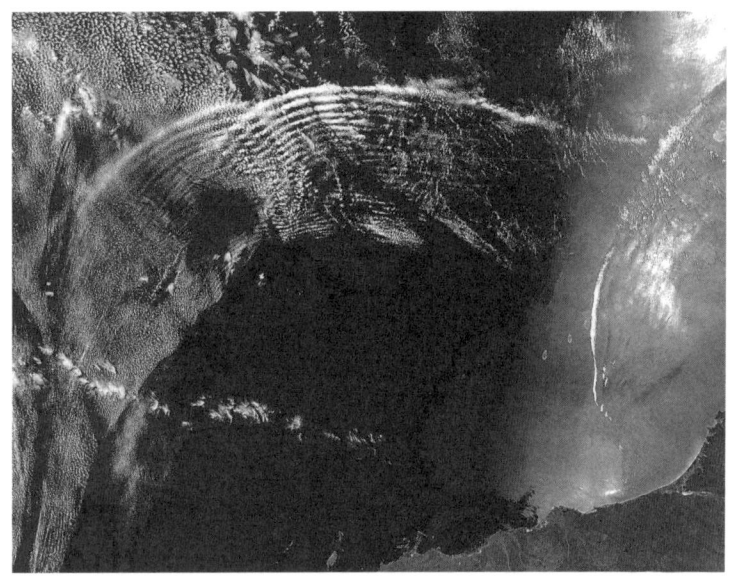

Satellitenbild über Indischem Ozean: Schwerewellen in der Luft, erkennbar an den weißen Wolkenlinien

Auch in geringerer Höhe konnten sie die unsichtbaren Wogen entlarven: Luftpartikel reflektieren Laserstrahlen, die Forscher gen Himmel schicken, sodass Schwingungen erkennbar werden. Sie hätten Schwerewellen in der Luft von der Geburt bis zum Ende verfolgen können, berichten die Wissenschaftler. »Durch die Kombination der Messinstrumente ist es uns gelungen, die Schwerewellen von ihrem Anregungsniveau in der unteren Atmosphäre bis zum Ort ihres Brechens in der oberen Atmosphäre zu verfolgen«, sagt DLR-Forscher Markus Rapp. Über den USA, von oben mit Satelliten gemessen, gelang eine ähnliche Entdeckung.

Manche Eiswolken lassen sich mit Infrarotstrahlung erkennen: Auf diese Weise konnten die Jülicher Forscher zusammen mit Kollegen mit den NASA-Satelliten »Suomi NPP« und »Aqua« die geisterhaften Luftschwingungen über Texas sichtbar machen. »Die Entdeckung der Schwerewellen war ein unverhoffter Glücksfall«, sagt Lars Hoffmann vom Forschungszentrum Jülich. Aufquellende Gewitterwolken seien hier der Auslöser gewesen: Die Wolkentürme hätten die Luft über ihnen gestaucht und damit in Wallung versetzt – von den Wolken aus breiteten sich Schwerewellen kreisförmig aus. Diese treten häufiger auf als angenommen, bilanzieren die Gelehrten: Sie entstehen über Tropenstürmen und über Vulkanausbrüchen, deren Asche-Explosionen die Luft auseinanderstieben lassen, und über Gewittern.

Gewitter gibt es auf der ganzen Welt, doch das Risiko ist recht unterschiedlich verteilt, auch in Deutschland. Das nächste Kapitel zeigt, wie häufig Blitze einschlagen – und es berichtet von neuen Gewitterrekorden: vom längsten und dem am längsten dauernden Blitz.

12

Der längste Blitz

Was Blitze sind, bestimmt das Lexikon der Weltorganisation für Meteorologie (WMO): Es handele sich um elektrische Entladungen in der Atmosphäre, die innerhalb einer Sekunde über maximal 32 Kilometer stattfänden, heißt es dort. Die Definition ist veraltet – Blitze können viel extremer sein. Die Organisation, die zu den Vereinten Nationen gehört, hat zwei neue Wetterrekorde ermittelt: den längsten und den am längsten dauernden Blitz. Der am längsten dauernde Blitz hielt sich am 30. August 2012 erstaunliche 7,74 Sekunden über dem Südosten Frankreichs. Er schoss 200 Kilometer waagerecht über den Himmel. Entladungen hätten sich von einer Wolke zur nächsten übertragen. Zeitlich kürzer, aber über größere Distanz breitete sich der zweite Weltrekordhalter aus: Am 20. Juni 2007 zuckte über Oklahoma im Süden der USA ein 321 Kilometer langer Blitz ebenfalls ziemlich waagerecht übers Firmament.

»Dramatische Verbesserungen« der Fernerkundung hätten die neuen Rekorde entlarvt, schreibt die WMO. Die Erfassung von Blitzen sei allerdings weiterhin lückenhaft. Es sei wahrscheinlich, dass es noch extremere Blitze gebe als die beiden Rekordhalter. Die Gefahr von Blitzschlag sei höher als angenommen – ein weitaus größeres Gebiet als von der WMO vermutet könnte betroffen sein. Ihren Lexikoneintrag über Blitze wollen die Wissenschaftler nun ändern. Statt »innerhalb einer

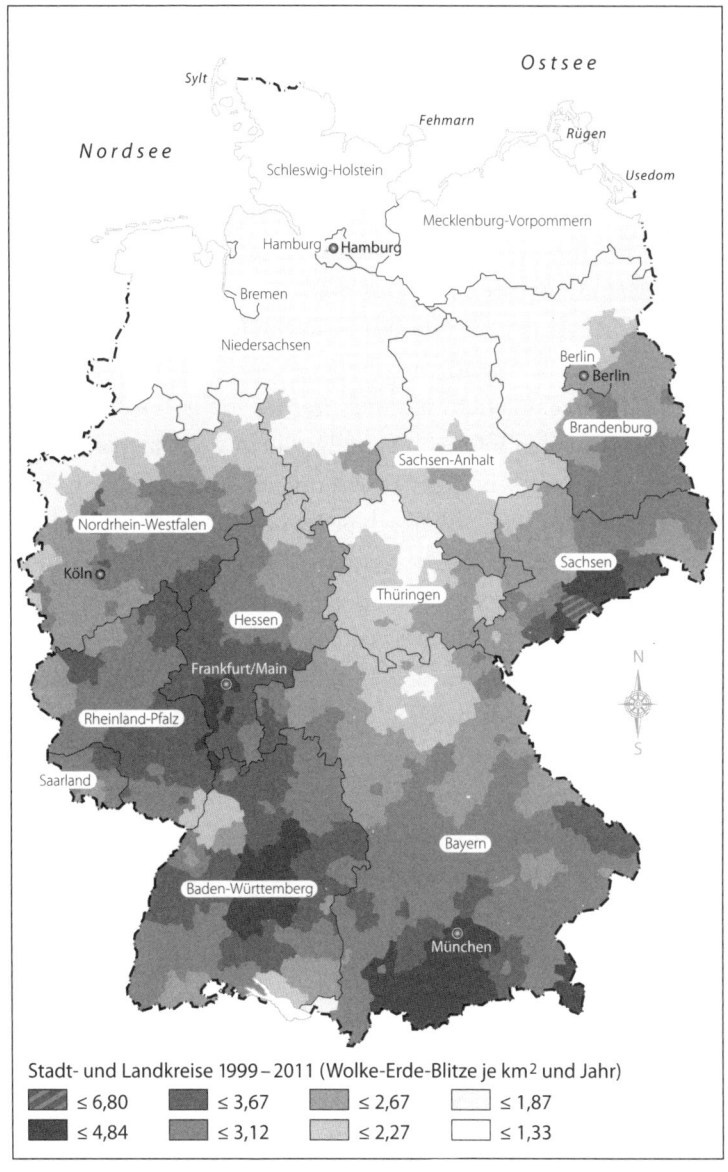

Häufigkeit von Blitzen in Deutschland

Stadt- und Landkreise 1999 – 2011 (Wolke-Erde-Blitze je km² und Jahr)

≤ 6,80 ≤ 3,67 ≤ 2,67 ≤ 1,87

≤ 4,84 ≤ 3,12 ≤ 2,27 ≤ 1,33

Sekunde« würden sich Blitze ausbreiten, solle es nun heißen, Blitze würden sich »kontinuierlich« ausbreiten.

Studien zufolge sterben jährlich Tausende Menschen an Blitzschlag; die meisten Opfer gibt es in ärmeren Gegenden mit wenig schützenden Behausungen. Vor allem tropische und subtropische Regionen sind betroffen, dort gibt es den meisten Treibstoff für Gewitter: feuchtschwüle Luftmassen. Steigen sie auf, sprießen oft mächtige ambossförmige Gewitterwolken – das perfekte Milieu für die Blitze. Die aufsteigende Luft sorgt für erhebliche Turbulenz.

Wie Blitze entstehen, ist noch immer nicht exakt verstanden. Der gängigen Erklärung zufolge laden sich Partikel in den Wolken mit unterschiedlicher Ladung auf. Hagelkörner reiben sich an Eiskristallen, wobei sich positive von negativen Ladungen trennen. Kleine Teilchen laden sich positiv auf, Aufwinde peitschen sie in die Höhe. Bald schweben in zehn Kilometer Höhe vor allem Teilchen mit positiven Ladungen, während die Wolke in flacheren Gefilden negativ geladen ist. Am Boden werden dadurch positive Ladungen angezogen – in der Luft kann sich eine Spannung von Hunderten Millionen Volt aufbauen. Wird die elektrische Spannung zu groß, löst sie sich mit einem Schlag – es blitzt. Schließlich zucken die gefürchteten 30 000 Grad heißen Stromfackeln, sie sind sechsmal wärmer als die Oberfläche der Sonne. Die Hitze dehnt die Luft explosionsartig aus – es donnert. Am Boden schmelzen sogar Sandkörner. Steht ein Mensch im Umkreis von etwa 20 Metern, ist er in Lebensgefahr.

In Deutschland ist das Gewitter-Risiko ganz unterschiedlich verteilt, wie Daten des Blitzinformationsdienstes der Firma Siemens (BLIDS) zeigen. Am Alpenrand ist das Risiko, vom Blitz getroffen zu werden, siebenmal höher als in Schleswig-Holstein. Das zeigt die Auswertung aller Blitze in Deutschland von 1999 bis einschließlich 2015.

Spitzenreiter ist der Landkreis Garmisch-Partenkirchen, gefolgt vom Berchtesgadener Land in Südbayern. Dort schlugen in den gemessenen 17 Jahren pro Quadratkilometer jährlich 4,5 Blitze ein. Am wenigsten Blitze trafen den Landkreis Rendsburg-Eckernförde im Osten Schleswig-Holsteins. Dort gab es pro Quadratkilometer lediglich 0,61 Einschläge im Jahr. Im Süden und Südosten der Republik ist die Gefahr von Blitzen höher als im Norden. Außer im Alpenvorland blitzt es besonders häufig im Erzgebirge und auf der Schwäbischen Alb; besonders wenig an der Küste und im norddeutschen Flachland. Die Ursache für die großen Unterschiede sind vor allem Gebirge und das Temperaturgefälle: An den Anhöhen von Erzgebirge, Schwäbischer Alb, den Alpen und Mittelgebirgen stauen sich vor allem im Sommer feuchtwarme Luftmassen. Im weltweiten Vergleich freilich liegen selbst deutsche Blitzhochburgen hinten: In tropischen Regionen werden mancherorts mehr als 200 Blitze pro Quadratkilometer gemessen. Deutsche Spitzenwerte liegen in manchen Jahren bei sechs Blitzen pro Quadratkilometer – was 1000 Grundstücken von 1000 Quadratmeter Größe entspricht. Das bedeutet: Höchstens sechs dieser 1000 Grundstücke würden pro Jahr vom Blitz getroffen. In Schleswig-Holstein wäre es gar meist weniger als ein Grundstück. Prinzipiell sind Metropolen gefährdeter als die Provinz: In Bayern ist es besonders München, in Baden-Württemberg der Großraum Stuttgart, in Hessen die Region Frankfurt/Darmstadt. Die größere Hitze in Ballungsgebieten sorgt dafür, dass mehr Wasser verdunstet, mithin mehr Energie in die Luft gelangt.

Die Blitzdaten beruhen auf Messungen von 160 Antennen, die der Blitzinformationsdienst in Europa ungefähr alle 200 Kilometer aufgestellt hat. Schlägt ein Blitz ein, erreicht das Signal die Antennen zu unterschiedlichen Zeiten. Wie Steinewerfer an einem Teich können Experten berechnen, wo ein Blitz eingeschlagen hat: Die elektromagnetischen Wellen breiten sich gleichmäßig in alle Richtungen aus, wie Wellen in einem See, wenn ein Stein ins Wasser plumpst. Am nahen Ufer branden die Wellen eher an. Indem man die Ankunftszeiten der Wellen an mehreren Uferabschnitten vergleicht, lässt sich der Ursprungsort bestimmen. Ein Blitz erzeugt ein starkes elektromagnetisches Feld, das Hunderte Kilometer weit messbar ist. Fünf bis sechs Antennen empfangen das Signal eines Blitzes. Ort, Zeit und Stärke sind messbar. Aus den Daten lässt sich nicht nur ableiten, in welchen Regionen die größte Gefahr droht. Versicherungen und Stromversorger können zudem feststellen, ob Schäden an Leitungen oder Gebäuden vom Blitzschlag verursacht wurden. Möglich wäre auch, Warnampeln aufzustellen – etwa auf Golfplätzen: Kommen Blitzeinschläge näher, schalten die Ampeln auf Gelb und schließlich auf Rot.

Die Gefahr, von einem Blitz getroffen zu werden, sei geringer als die Chance auf sechs Richtige im Lotto, so heißt es zwar. Tatsächlich trifft der Vergleich mit dem Lotto ungefähr zu – allerdings nur auf ein durchschnittliches Menschenleben. Für jemanden, der in ein Gewitter gerät, steigt das Risiko mitunter erheblich: Die Chance kann bei einem Gewitter in der Nähe so weit erhöht sein, als ob bereits fünf Richtige gezogen worden wären und nur noch eine Lottozahl gelost würde – der Sechser ist plötzlich ganz nah.

Das sind die wichtigsten Verhaltensregeln bei Gewitter:

- Vorsicht ist spätestens geboten, wenn weniger als zehn Sekunden zwischen Blitz und Donner liegen – Blitze sind dann nur noch gut drei Kilometer entfernt.
- Wenn möglich, sollte man ein Gebäude oder Auto aufsuchen.
- Zu meiden sind: Bäume, Anhöhen, feuchte Wände und am besten auch feuchte Böden. Keine Metallteile anfassen und weg mit dem Regenschirm.

- In die Hocke gehen, Füße zusammenhalten; am besten einen Graben oder eine Kuhle aufsuchen. Abstand halten zu anderen Menschen.
- Absteigen von Fahrrad oder Motorrad; mindestens drei Meter Abstand zu den Zweirädern.
- Raus aus dem Wasser. Im Boot weg vom Mast und sich klein machen.

Ein anderes Himmelsphänomen kennt jeder: Regenbögen. Und doch bergen sie ein Geheimnis, von dem das nächste Kapitel erzählt.

13

Das letzte Geheimnis der Regenbögen

»Ooooooooooooh!«, ertönt es, wenn ein Regenbogen erscheint. Früher galten die bunten Streifen gar als Reiseroute der Götter. Und das Alte Testament deutete das himmlische Schillern als Friedenszeichen des Schöpfers. Wissenschaftler aber bleiben gelassen – sie zerlegen Regenbögen in ihre Bestandteile. Erst jetzt ist Forschern allerdings aufgefallen, dass sie bei der Erklärung der Farbreflexe einen entscheidenden Einfluss übersehen hatten.

Es geschieht bei Regenwetter: Der Betrachter hat die Sonne im Rücken, die eine Regenwand bescheint. Gebogene Farbbänder erscheinen am Horizont, oben ein roter Bogen, darunter ein orangefarbener, dann die Farben Gelb, Grün, Blau, Indigo und ganz unten Violett. Die Farben erscheinen, weil Sonnenstrahlen in Regentropfen dringen und an deren runder Rückwand reflektiert werden. Dabei spaltet sich das weiße Licht in viele Farben: Aus dem Regentropfen hervor treten Strahlen, die unterschiedlich schwingen – also unterschiedliche Farben haben. Sonnenstrahlen, die in den Tropfen am stärksten verbogen werden, erscheinen lila. Strahlen, die in den Tropfen am wenigsten gebrochen werden, sind rot. Man sieht die Farben aber nur aus einem bestimmten Winkel – deshalb die Bogenform. Jeder Beobachter sieht also einen anderen Regenbogen.

Jeder Regenbogen ist einzigartig. Schulbücher erklären die Varianten neben dem Beobachtungswinkel im Wesentlichen mit der unterschiedlichen Größe der Regentropfen. Aber auch Schulbücher können irren. Französische Meteorologen haben nach eigenen Angaben Hunderte Fotos von Regenbögen verglichen. Dabei ist ihnen aufgefallen, dass eine wesentliche Regenbogen-Zutat bislang unterschätzt wurde: der Sonnenstand. Zwölf Arten von Regenbögen ließen sich allein auf den Stand der Sonne zurückführen, berichten die Wissenschaftler um Jean Ricard vom französischen Wetterdienst (Météo France).

Am deutlichsten zeige sich das bei komplett roten Regenbögen: Sie erschienen bei flach stehender Sonne, also bei ihrem Auf- oder Untergang. Zu diesen Tageszeiten muss das Sonnenlicht den weitesten Weg durch die Luft zurücklegen. Die schneller schwingenden kurzwelligen Strahlen verstreuen sich dabei. Nur die langwelligen roten Strahlen kommen beim Betrachter an – ähnlich wie auf einem See große Wellen am weitesten laufen. Deshalb färbten sich abends oder morgens die Regenbögen rot, erläutern Ricard und seine Kollegen. Je höher aber die Sonne steige, desto mehr dominierten Blau und Grün einen Regenbogen. Und umso kleiner wird er auch. Höher als 42 Grad am Horizont darf die Sonne nicht stehen, denn dann verschwindet der Regenbogen quasi hinterm Horizont. Im Sommer um die Mittagszeit tritt er deshalb nicht auf.

Auch andere Regenbögen, denen einzelne Farben fehlen, lassen sich den Forschern zufolge mit dem Sonnenstand erklären. Der Sonnenstand sei auch verantwortlich, wenn oberhalb eines Regenbogens ein weiterer leuchte, mit umgekehrter Farbreihenfolge. Oder wenn zwischen beiden ein schwarzes Band erscheine. Am besten prüfen lässt sich die Theorie der französischen Forscher im Frühjahr – der Schauermonat April ist beste Regenbogenzeit.

Im Frühjahr, aber auch im Herbst liegt ein besonderes Aroma in der Luft: Petrichor, der Geruch von Regen – von ihm handelt das nächste Kapitel. Doch Wasser ist geruchlos – wie also entsteht der Duft?

14

Regenduft

Petrichor, der Name des Regenaromas, klingt nach Kirchenmusik: *Petros* bedeutet Stein, *Ichor* war laut griechischer Mythologie die Flüssigkeit, die durch die Adern der Götter floss.

Als Hauptquellen des Duftes gelten ein Alkohol namens Geosmin, der von Bakterien im Erdboden produziert und Erdgeruch genannt wird; ein gelbes Öl, das Pflanzen freisetzen; und Ozon, das durch Gewitterblitze entsteht – Ozon bedeutet auf Griechisch »das Riechende«.

Warum aber erzeugt Regen Gerüche? Warum riecht jeder Regen anders? Diese Fragen glauben Forscher kürzlich geklärt zu haben – mit Zeitlupenfilmen von Regentropfen. Ihre Aufnahmen würden beweisen, wie Petrichor entsteht, meinen Cullen Buie und Young Soo Joung vom Massachusetts Institute of Technology in Cambridge, USA. Die extremen Zeitlupen zeigen, was geschieht, wenn Regentropfen auf die Erde prasseln.

Im Experiment ließen die Forscher Wasser mit unterschiedlicher Geschwindigkeit auf 28 Bodenarten tropfen. Das Ergebnis: Der Aufprall erzeugt Blasen in den winzigen Wasserlachen. In manchen Blasen sammeln sich Kleinstpartikel aus dem Boden – sie enthalten das Aroma der Erde. Platzen die Bläschen, perlt der Geruch aus dem Wasser, und schwacher Luftzug genügt, um ihn zu verwehen. Ähnlich verbreitet sich das Aroma von Sekt und anderen Sprudelgetränken.

Vor allem drei Faktoren bestimmen, wie intensiv Regen riecht: die Porosität des Bodens, seine Feuchtigkeit und die Stärke des Niederschlags. Je trockener die Erde, desto mehr Geruch entfalte sich, berichten die Forscher. Der Grund ist simpel: Von trockenem Boden lösen sich mehr Partikel. Poröser Untergrund, etwa Waldboden, ist ebenfalls eine gute Quelle für intensiven Duft. Je mehr Hohlräume im Boden klaffen, desto mehr Luftblasen können heraussteigen. Schließlich stellten die Forscher fest, dass sich der kräftigste Geruch bei leichtem Regen entfaltet. Bei heftigem Niederschlag hingegen durchnässt der Boden – und durch eine dickere Wasserschicht dringt weniger Erdgeruch.

Dass sich Regen mit seinem Duft ankündigt, liegt zum einen am Wind, der das Aroma aus einem Niederschlagsgebiet verbreitet. Zum anderen erhöht sich die Feuchtigkeit der Luft meist schon, bevor Niederschlag fällt: Ein dünner Feuchtigkeitsfilm legt sich auf die Erde, sodass Geruchsbläschen aufsteigen – Spaziergänger wittern Petrichor.

Wer sich Regen noch genauer anschaut, entdeckt im nächsten Kapitel Verblüffendes: Regentropfen brechen ihr Tempolimit.

15

Gespaltene Regentropfen

Eine Regensammlung böte ein abwechslungsreiches Bild: Niesel glitzerten wie Diamantensplitter – die Tröpfchen sind kleiner als einen halben Millimeter. Ausdauernder Landregen ließe sich zu Perlenketten verbinden. Und Tropfen aus Wolkenbrüchen wirkten mit ihren mehreren Millimetern Durchmesser fast wie funkelnde Murmeln. Im Fallen aber ändern sie ihre Form: Der Luftwiderstand staucht sie zu wässrigen Pfannkuchen. Nicht nur das Aussehen, auch das Verhalten von Regentropfen unterscheidet sich: Große fallen üblicherweise schneller, sie stürzen mit mehr als 20 km/h. Kleinere Tröpfchen sind erheblich langsamer. Neue Messungen aber zeigen, dass kleine Regentropfen serienweise ihr vermeintliches Tempolimit brechen – sie fallen mit Superspeed, fast so schnell wie große.

Etwa anderthalb Millionen Tropfen in sechs Regenwettergebieten hätten sie analysiert, berichten Forscher um Michael Larsen vom College of Charleston in den USA. 22 Messgeräte bildeten die Radarfalle, darunter Laser, deren Reflexionen zeigen, wie rasch sich Tropfen fortbewegen. Das Ergebnis verblüfft: Je nach Wetter fielen ein Drittel bis zwei Drittel der kleinen Tröpfchen mit Superspeed. Gemessen wurde bei Flaute, sodass Wind die Ergebnisse nicht verfälschen konnte. Die Studie bestätigt eine Arbeit von vor fünf Jahren. Damals glaubten Forscher noch, dass die Messapparatur die Analyse verfälscht haben könnte. Waren Tropfen auf den Geräten zerplatzt und dabei beschleunigt worden? Nein, bekräftigen nun Larsen und seine Kollegen. Kleine Regentropfen, die schneller fallen als ihr Tempolimit, seien allgegenwärtig, resümieren sie – und rätseln nun: Warum beschleunigen die Tröpfchen stärker, als die Meteorologen erlauben? Offenbar wirke ein Billardeffekt, meinen die Forscher. Stoßen große Tropfen zusammen, zerfetzen sie, behalten aber offenbar zunächst ihre hohe Geschwindigkeit.

Manche Tropfen zerspringen, andere aber bleiben hängen: Anhand von Zeitlupenvideos haben Forscher entdeckt, wie sich Regen an Fäden fangen lässt – und wie Tropfen zerreißen. »Einem koreanischen Sprichwort zufolge kann man Wasser nicht mit dem Messer schneiden«, sagt der Ingenieur Wonjung Kim von der Sogang University in Seoul, Südkorea. »Aber wir haben gezeigt, dass das nicht ganz stimmt.« Kim und seine Kollegen haben entdeckt, wie Regentropfen zerschnitten werden, wenn sie auf dünne Fäden fallen. Ihre Erkenntnisse könnten helfen, Regensammelanlagen in Wüstenregionen zu bauen: Wie Spinnennetze Tropfen fangen, so könnten auch Fäden Regen sammeln.

In Experimenten konnten die Forscher zeigen, wann Regentropfen an Fäden hängen bleiben – und wann sie zerschnitten werden. Dies hänge vor allem von drei Dingen ab, berichten Kim und seine Kollegen: von der Größe der Tropfen, ihrer Schnelligkeit und der Dicke des Fadens. Mit Ultrazeitlupenvideos verfolgten sie den Aufprall. Drei Varianten konnten sie beobachten: Entweder die Tropfen spalteten sich in zwei Teile, sie fielen als Ganzes wieder vom Faden herab, oder sie blieben hängen. Schnell fallende Tropfen sprangen auseinander. Langsame blieben hängen, oder sie fielen als Ganzes zu Boden – je nachdem, wie dick der Faden war. Dickere Fäden hielten Tropfen eher fest. Um Wassersammelanlagen verbessern zu können, haben die Forscher ermittelt, wie viel Wasser jeweils an den Fäden hängen blieb. Wenn Tropfen nicht hängen blieben, war allein die Breite der Fäden ausschlaggebend: Je breiter sie waren, desto mehr Wasser sammelte sich.

Um schnell fallende Tropfen zu fangen, müsste man die Dicke der Fäden anpassen – sonst ginge der meiste Regen verloren, berichten die Wissenschaftler. Verschiedene Kräfte entscheiden darüber, ob ein flinker Tropfen hängen bleibt: Seine Trägheit zwingt ihn zu Boden – dagegen wirkt die Oberflächenspannung des Fadens. Auch die Zusammensetzung des Wassers und seine Dichte wirken sich aus. Jetzt suchen Kim und seine Kollegen nach dem besten Material für Fäden, die Regentropfen fangen.

Wer Regen nicht mag, sollte im Mai an die Ostsee fahren, dort ist es in dem Monat meist sonnig. Das nächste Kapitel verrät, wann sonst in Europa mit längeren Phasen von Sonnenschein zu rechnen ist.

16

Platz in der Sonne

Das Dilemma der Wettervorhersage lässt nicht nur Urlauber verzweifeln. Zwar können Meteorologen das Wetter bis zu drei Tage im Voraus gut prognostizieren. Doch eine langfristige Planung ist nicht möglich. Immerhin offenbaren Datensammlungen über viele Jahre, wann in Europa mit längeren Sonnenphasen gerechnet werden kann. Wetteraufzeichnungen von 1982 bis 2005, die der Meteorologe Lucas Richter vom Deutschen Wetterdienst ausgewertet hat, zeigen für jeden Tag des Jahres die durchschnittliche Wahrscheinlichkeit einer fünftägigen Sonnenperiode. Als Sonnentag wertet Richter Tage, an denen vier Fünftel des möglichen Sonnenscheins auf den Boden gelangen – also die wahrlich hellsten Zeiten.

Streng genommen müssen klimatologische Zeitreihen wenigstens 30 Jahre umfassen. Gleichwohl lässt die Auswertung interessante Schlüsse hinsichtlich der Planung von Urlaub oder Gartenfesten zu:

Januar und Februar: Selbst am Mittelmeer sind die Monate eher dunkel, Hoffnung auf längere Sonnenphasen besteht aber am westlichen Mittelmeer. Mallorca bezeichnet in etwa die Grenze zur intensiven Sonnenzone. Der Rest Europas liegt gewöhnlich zumindest vier von fünf Tagen lang unter Bewölkung.

März: Längere Sonnenphasen sind nun auch weiter nördlich zu erwarten. Auffällig sind ausgedehnte Schönwetterzonen in Norditalien und Nordspanien. Auch Frankreich erlebt oft längere heitere Abschnitte.

April: Frankreich ist bewölkter als im März. Dafür fallen neue Sonnenbereiche auf: Sie bilden sich nun öfters in der Nähe kühler Meere, etwa an der Ostsee und der Biskaya. Aus dem kalten Wasser verdunstet kaum etwas, sodass sich weniger Wolken bilden als anderswo. Sofern keine großen Fronten anrücken, bleibt es dort sonnig.

Mai: Der Wonnemonat entfaltet in Deutschland seine hellste Pracht im Norden, besonders an der Ostsee bestehen große Chancen auf lange Sonnenphasen.

Juni: Auffällig ist, wie sehr Frankreich aufheitert. Am Mittelmeer gibt es nun fast durchgehend Sonnengarantie. In Deutschland ist mit konstantem Hochdruckwetter über mindestens fünf Tage nicht unbedingt zu rechnen. Aber heitere Tage mit zeitweiser Bewölkung können schließlich auch schönes Sommerwetter bedeuten – sie werden in dieser Analyse allerdings nicht erfasst.

Juli: Sonnengarantie meistenorts in Südeuropa, auch Frankreich erlebt viele lange Sonnenphasen. Und auch die Ostsee fällt wieder auf: Ziehen die berühmten skandinavischen Hochdruckgebiete über die Region, erleben die Anrainer lange sonnige Perioden. Ende des Monats beginnt in ganz Deutschland die sonnenreichste Zeit des Jahres.

August: Bis Mitte des Monats besteht deutschlandweit hohe Wahrscheinlichkeit für Phasen mit mindestens fünf Tagen praller Sonne, besonders im Süden. Am Mittelmeer kann Bewölkung jetzt geradezu als Sehenswürdigkeit gelten. Die Ausnahme bilden Gebirgsregionen, etwa die Pyrenäen. Auch die nordspanische Atlantikküste beweist sich als geeignetes Ziel für Gegner praller Sonnenhitze.

September: Der Altweibersommer bringt Deutschland eher selten lange Sonnenphasen, am ehesten darf der Süden damit rechnen.

Oktober: Auch der angeblich goldene Oktober ist den Daten zufolge kein Garant für dauernde Helligkeit. Selbst in Italien und Spanien unterbricht immer häufiger Bewölkung den Sonnenschein.

November und Dezember: Nur noch zwei Regionen ragen mit häufigen Sonnenperioden heraus – die südostfranzösische Mittelmeerküste und Südostspanien.

Wer bei der Urlaubsplanung das Wetter berücksichtigt, könnte gar der Liebe auf die Sprünge helfen, wie das nächste Kapitel verrät. Dabei scheinen dunkle Zeiten überraschend hilfreich.

17

Wetter macht Liebe

Viele Säugetiere schwänzen die dunkelste Zeit des Jahres. Im Winterschlaf drosseln sie ihren Stoffwechsel, sodass sie keine Nahrung benötigen – ein biologisch sinnvolles Verfahren im nahrungsarmen Winter. Menschen hingegen überwintern mittlerweile komfortabel in beheizten Häusern. Sie nutzen die kalte Jahreszeit zu besonderer Aktivität. Im Dezember zeugen Deutsche, Briten und Bewohner anderer Industrienationen die meisten Babys – am meisten Kinder werden im September geboren. Dass Sperma bei Kälte von besserer Qualität ist, scheint dabei nicht die Hauptursache.

Diverse mögliche Gründe konnten ausgeschlossen werden: Weder neun Monate nach beliebten Hochzeitsterminen noch nach großen Traditionsfesten werden mehr Kinder geboren. Zwar gibt es wohl auch kulturelle Gründe für die Paarungslust im Dezember: die Weihnachtsferien. Der Hauptzeugungstag allerdings liegt beispielsweise in Großbritannien um den 11. Dezember, also vor den Ferien. Offenbar, so zeigen es neue Forschungsergebnisse, fördert das Wetter den Sex. Die Wissenschaftler Boguslaw Pawlowski und Piotr Sorowski von der Universität Breslau in Polen legten 114 Männern alle drei Monate dieselben Fotos von Frauen vor. Während sich die Bewertungen der Gesichter übers Jahr nicht veränderte, zeigte sich ein vielsagender Effekt: Fotos der Frauen in Unterwäsche beurteilten die Männer im Winter am enthusiastischsten: Im Dezember, so resümieren die Forscher, verspürten Männer die größte Anziehung zu Damen. Die Vermutung der Wissenschaftler: Weil sich Haut in der kalten Jahreszeit meist unter dicker Kleidung verbirgt, sorgt sie für besondere Aufmerksamkeit, sofern sie doch mal sichtbar wird. Die Regel gelte auch für Männer in fester Partnerschaft – sie halten der Studie zufolge ihre Partnerinnen im Winter für attraktiver als im Sommer. Kälte und Dunkelheit wären demnach Antrieb für sexuellen Eifer.

Es ist nur eine kleine Studie, die Ergebnisse müssen noch auf breiter Basis bestätigt werden. Der Paarungserfolg im Dezember, aber auch im Oktober und November, ist jedenfalls deutlich höher als im Mai, Juni und Juli. Die virile Nervosität im Frühjahr stachelt den Hormonhaushalt an, die Sonne weckt Frühlingsgefühle. »Wie herrlich leuchtet mir die Natur, wie glänzt die Sonne, wie lacht die Flur!«, dichtete Goethe in seinem »Mailied«, in dem er von seiner Liebe schwärmt: »O Mädchen, Mädchen, wie lieb' ich dich, wie blickt dein Auge, wie liebst du mich!« Der sonnenbefeuerte Überschwang hat viele Gründe:

- Licht unterdrückt die Produktion des Hormons Melatonin, das den Schlafrhythmus regelt. Dafür steigert die Frühlingssonne den Pegel des sogenannten Glückshormons Serotonin im menschlichen Körper. Es fördert Wachheit, innere Ruhe und Zufriedenheit – und dämpft Angstgefühle und Kummer. Kurzum: Die Laune verbessert sich. Höhere Gelassenheit kann bei Männern den Samenerguss hinauszögern, was das Liebesleben zusätzlich anheizt.
- Intensive Sonnenstrahlung setzt in der Haut Beta-Endorphin frei, das schmerzlindernd und euphorisierend wirkt – es kann sogar süchtig machen.
- UV-A-Wellen der Sonne dringen tief in die Haut, wo sie die Freisetzung von Stickstoffmonoxid beschleunigen. Dem Stoff

werden regelrechte Wunderwirkungen zugesprochen: Er begünstigt die Heilung von Wunden, könnte als Waffe gegen Pilze, Bakterien und Krebszellen dienen – und fördert die Erektion. Außerdem senkt Stickstoffmonoxid den Blutdruck, mithin das Risiko für Herz- und Kreislauferkrankungen.

- Frauen profitieren in der Sonne von der vermehrten Ausschüttung des Hormons MSH (Melanozyten-stimulierendes Hormon). Es sorgt für Bräunung und damit für den Schutz der Haut – und es fördert die Lust auf Sex.

Die durchgreifende Wirkung der körperlichen Reaktionen bei Sonnenschein auf das Sozialleben haben zahlreiche Studien enthüllt: Menschen werden spendabler, sind hilfsbereiter, schwache Schüler haben bessere Chancen, an Unis angenommen zu werden, und vieles mehr. Auch Flirts versprechen mehr Erfolg bei Sonnenwetter. Französische Forscher hatten im Experiment einen attraktiven 20-jährigen beauftragt, Frauen im Alter von 18 bis 25 nach ihrer Telefonnummer zu fragen. Sein Erfolg schien vom Wetter abhängig: Bei Sonnenschein gaben 22 Prozent ihre Nummer heraus, an bewölkten Tagen nur 14 Prozent. Die Tagestemperaturen lagen in allen Versuchen jeweils zwischen 18 und 22 Grad. Weil Dutzende weiterer Faktoren das Flirten beeinflussen, lasse sich die Wirkung des Wetters zwar nicht eindeutig beweisen, betonen die Forscher – indes liege ein Zusammenhang nahe.

»Das Wetter, vor allem Sonnenschein, aber auch dunkle Wolken, prägt unsere Stimmungslagen in einer hintergründigen, intimen, manchmal sehr subtilen Weise, die uns so selbstverständlich erscheint, dass wir sie meist nicht weiter reflektieren«, sagt der Biopsychologe Peter Walschburger von der Freien Universität Berlin. Sonnenlicht justiere die Körperzellen wie innere Uhren. Es wirke sowohl mit seiner Intensität und Helligkeit als auch über seine Farbtemperatur: »Kaltes«

weißes Licht aktiviere eher als »warmes«, rötliches wie das der Abendsonne, das eher beruhige. Lichtgesteuerter Wandel des Hormonhaushalts ändere Stimmungen. »Das kann sich auf unsere Bereitschaft zu Flirts und Liebeleien auswirken und unser Bedürfnis nach Aktivitäten mit erotisch-sexuellem Charakter beeinflussen«, bestätigt Walschburger. Zu heiß aber sollte es nicht werden.

Nicht nur Sonnenschein, auch Wärme schafft Nähe – das zeigte etwa das berühmte sogenannte Gefängnisdilemma, das Forscher 2013 in einer besonderen Variante nachspielten: Den freiwilligen Probanden wurde gesagt, dass gegen sie nicht genügend Beweise für eine »Gefängnisstrafe« vorlägen, sie aber gegen ihre »Mithäftlinge« aussagen könnten, um einer Strafe sicher zu entgehen. Beteiligte, denen während des Spiels die Hände gewärmt wurden, kooperierten eher mit ihren »Mithäftlingen« als diejenigen, die keine gesonderte Behandlung ihrer Hände erfuhren. Dass Wärme die Kooperation zu fördern scheint, haben auch andere Experimente gezeigt. Bereits ein warmes Glas Tee etwa erhöhe das Mitgefühl, berichteten Forscher 2014 in einer Studie.

Bei Hitze weiten sich die Adern, das Blut fließt langsamer, das Herz muss stärker pumpen, der Mensch benötigt mehr Sauerstoff – er wird eher müde und schlaff. Erhebungen zeigen, dass die Zufriedenheit während einer Hitzewelle sinkt. Unter niederländischen Jugendlichen gibt es einer Umfrage zufolge gar mehr »Sommerhasser« als »Sommerfreunde«. Laborversuche mit Ratten könnten helfen, die biologischen Ursachen dieser Skepsis zu erklären: In sehr warmer Umgebung haben die Tiere seltener ihren Eisprung, sie sind gestresst. Biometeorologen grenzen die optimale Temperatur für Menschen auf jenen Bereich ein, in dem die Thermoregulation des Körpers am wenigsten Aufwand betreiben muss: Für Mitteleuropäer liegt sie bei 17 Grad im Schatten, wobei Sonne das Wohlgefühl steigert.

»Im Herbst dagegen, also bei zunehmender Dunkelheit und vor allem im widrigen Novemberwetter, verspüren wir oft ein eher gedämpftes Lebensgefühl und eine eher gedrückte Stimmungslage«, sagt Walschburger. Der Körper produziert wieder mehr Melatonin. Um sich dann aufzuheitern, empfehlen Forscher Spaziergänge: Sofern nicht ausschließlich graue Wolken den Himmel bedecken, würden selbst in der dunkleren Jahreszeit bereits 30 Minuten im Freien genügend Serotonin produzieren helfen, sodass sich die Stimmung deutlich aufhelle.

Die Wirkung des Wetters ist jedoch begrenzt: Verglichen mit anderen Lebenseinflüssen spielt es nur eine untergeordnete Rolle. Langzeitstudien in Deutschland und den USA haben gezeigt, dass etwa Stress, persönliche Erlebnisse, Schlafstörungen oder andere körperliche Probleme den Effekt des Wetters auf die Stimmung meist zunichtemachen. Experten relativieren deshalb das Phänomen des Biowetters. Zwar bezeichnen sich viele Deutsche als wetterfühlig. Doch innere Unruhe, Kopfschmerzen oder Verspannungen lassen sich meist nicht eindeutig Wetteränderungen zuschreiben. Selbst das berühmte Phänomen, dass der warme Alpenwind Föhn angeblich Kopfweh auslöse, ist wissenschaftlich nicht bewiesen.

Dabei bestreiten Fachleute nicht, dass das Wetter das Befinden beeinflusst. Zahlreiche Menschen reagieren auf das Wetter, allerdings ganz unterschiedlich. Aber nur wenige direkte Wirkungen lassen sich eindeutig zuordnen:

1. Pollen bewirken allergische Reaktionen.
2. Übermäßig viel UV-Strahlung schädigt Hautzellen.
3. Ozon kann Atemwegserkrankungen auslösen.
4. Der »thermische Komplex« wirkt sich auf den Körper aus: Temperatur, Feuchtigkeit und Wind sorgen für Hitze- oder Kältestress. Im Extremfall können Herzinfarkte, Rheumaanfälle oder Unterkühlungen die Folge sein.

Das Problem ist, zu erkennen, welche Einflüsse relevant sind – allzu viele Faktoren wirken auf den Körper; Forscher sprechen von Akkordwirkung: Wind, Feuchtigkeit, Temperatur, Druck, Luftchemie oder Strahlung wirken gleichzeitig. Der Wetterakkord, also das Zusammenwirken aller Einflüsse, beeinflusst unstrittig den Menschen; oft aber bleibt die Wirkung geheimnisvoll. So scheint gerade das Winterwetter kreativ zu machen, wenn es ums Liebesleben geht: Experimente haben gezeigt, dass Menschen bei Kälte eher romantische Filme aussuchen. Und Frauen, so ein anderes eindrucksvolles Ergebnis von 2014, wählten nur im Winter eher rote oder pinkfarbene Kleidung an ihren fruchtbaren Tagen. Rot und Pink gelten als erotische Reizfarben. Die erstaunliche Paarungsfreudigkeit zur kalten Jahreszeit birgt also noch manches Geheimnis.

Einen romantischen Blick auf das Wetter hatten auch Künstler. Das nächste Kapitel verrät: Die alten Meister waren unwissentlich Chronisten des Klimas.

18

Klimageheimnis auf alten Meisterwerken

»Ich habe nicht gemalt, um verstanden zu werden«, soll der britische Künstler William Turner gesagt haben. »Ich wollte zeigen, wie eine Gegend aussah.« Und das scheint dem Maler besser gelungen zu sein, als er es vielleicht selbst je erhofft hatte. Farbanalysen zeigen, dass die Bilder von Turner und anderen Künstlern die Klimageschichte der Erde nachzeichnen. Landschaftsmalereien aus den vergangenen fünf Jahrhunderten liefern ein Abbild der einstigen Luft, berichtet eine Forschergruppe um den Physiker Christos Zerefos vom National Observatory in Athen. Sie verglichen die Entstehungszeiten Hunderter Werke mit Daten der rund 50 großen Vulkaneruptionen seit 1500. Das Ergebnis: Künstler waren – vermutlich unwissentlich – getreue Chronisten historischer Vulkanausbrüche.

Kunsthistoriker hielten es ohnehin für nahezu ausgeschlossen, dass bloß eine Laune Turners für den Farbwechsel verantwortlich gewesen sei. Sie haben längst gezeigt, dass nur wenige Maler die Mischung ihrer Farben drastisch variierten. Es können also nicht nur Kunsthistoriker aus der Klimageschichte lernen, sondern auch die Klimaforscher aus der Kunst: »Wir haben gezeigt, dass Gemälde verlässlich über den Partikelgehalt der Luft Auskunft geben«, sagt Zerefos.

Als beispielsweise Caspar David Friedrich in den Jahren 1815/16 in Greifswald seine berühmte *Ansicht eines Hafens* malte, zeichnete er auch die Himmelsfärbung, die der Ausbruch des Vulkans Tambora 1815 im fernen Indonesien bewirkt hatte. Die mächtige Eruption hatte die Luft weltweit verändert. Abermillionen Staubpartikel und Schwefeltröpfchen wurden in die Luft geschleudert und wirkten wie ein Sonnenschirm: Sie blockierten das Sonnenlicht, die Temperatur auf der Erde sank. Im Folgejahr, als »Jahr ohne Sommer« bekannt, schneite es im Juni an der Ostküste der USA. Europa erlebte einen außergewöhnlich kalten und regenreichen Sommer mit Missernten, hohen Getreidepreisen und Hungersnöten. Am 28. Juni 1816 notierte Goethe in sein Tagebuch: »Erster schöner Tag«. Christos Zerefos und seine Kollegen meinen nachweisen zu können, dass auf Friedrichs Bild kein gewöhnliches Abendrot zu sehen ist. Mit einem Fotoprogramm haben die Wissenschaftler digitale Kopien Hunderter Gemälde auf Farbkontraste und den jeweiligen Sonnenstand untersucht. Die dargestellte Tageszeit ermittelten die Physiker anhand geometrischer Berechnungen des Winkels, in dem das Sonnenlicht fällt. Bäume, Boote oder die Länge der gezeichneten Schatten dienten als Bezugsgrößen.

Dann kam die wichtigste Messung: der Farbkontrast anhand des Verhältnisses von roten und grünen Farbtönen. Das erstaunliche Ergebnis: Gemälde, die jeweils in den drei Folgejahren nach großen Vulkanausbrüchen entstanden, erscheinen bei gleichem Sonnenstand wesentlich röter. Die Rotfärbung der Atmosphäre entsteht durch die Streuung des Sonnenlichts, das umso stärker abgelenkt wird, je mehr Staubteilchen in der Luft schweben. Die kurzen Wellenlängen – sie erscheinen blau oder grün – werden verstreut. Langwelliges rotes Licht hingegen gelangt nahezu ungestört auf die Erde. Der Effekt ist vergleichbar mit der Ausbreitung von Wellen in einer Pfütze: Kurze Wellen werden von kleinen Steinen abgelenkt und verlieren sich irgendwann. Große Wellen aber schwappen über kleine Steine einfach hinweg.

Auch das Gemälde *Schiffe im Hafen von Greifswald* von Caspar David Friedrich dokumentiert den Effekt: Ein tieforangefarbener Wolkenschleier hängt über der Landschaft. Das Werk entstand vermutlich drei Jahre nach der Tambora-Eruption. Je enger Kunstwerke und Vulkanausbrüche zeitlich zusammenlagen, desto stärker war die Verfärbung, berichten Zerefos und seine Kollegen. Und je partikelhaltiger die Luft, umso röter wirkt sie. Der Farbkontrast auf den Bildern spiegelt mithin den jeweiligen Partikelgehalt der Atmosphäre wider. Anhand von Daten aus Eisbohrungen an den Polen lassen sich die Annahmen prüfen, sie dokumentieren den Staubgehalt früherer Zeiten: Im Schnee sind Luftbläschen gespeichert. Die Farben der alten Werke bestätigen nun, dass Klimaforscher die Veränderungen der Atmosphäre realistisch ermittelt hatten.

William Turners Gemälde *The Lake, Petworth, Sunset* von 1828 etwa erscheint blass, sein Bild *Sunset* von 1833 hingegen leuchtet rotorange. Die Erklärung für Turners Farbwechsel liefern die Physiker. Der philippinische Vulkan Babuyan Claro war 1831 ausgebrochen; seine Aschewolken veränderten das Licht. Auch der dramatische Sonnenuntergang auf dem Gemälde *Sir Neil O'Neill* des englischen Porträtmalers John Michael Wright folgte keinem künstlerischen Modetrend, sondern war Folge zweier Vulkanausbrüche in Indonesien im Jahr 1680. Und der tieforangefarbene Sonnenuntergang auf dem Ölgemälde *Mrs. Daniel Denison Rogers Abigail Bromfield* von John Singleton Copley zeigt Spuren der Aschewolke des isländischen Vulkans Laki, der 1783 ausbrach und für eine dramatische Klimaveränderung in Europa sorgte. Die folgenden Ernteausfälle und Hungersnöte sollen zum Ausbruch der Französischen Revolution beigetragen haben.

»Ich ging mit zwei Freunden die Straße entlang – dann ging die Sonne unter. Der Himmel wurde plötzlich blutrot, und ich fühlte einen Schauer von Traurigkeit. Einen drückenden

Schmerz in meiner Brust«, beschrieb der Maler Edvard Munch einen Zustand, den er kurz darauf in sein wohl bekanntestes Bild *Der Schrei* umsetzte. Im Jahr 1883 muss sich in Oslo die folgende Szene abgespielt haben: »Ich hielt an, lehnte mich an einen Zaun, denn ich war todmüde. Über dem blauschwarzen Fjord und der Stadt lag Blut in Feuerzungen. Meine Freunde gingen weiter – und ich wurde zitternd vor Angst zurückgelassen. Und ich fühlte, dass ein gewaltiger unendlicher Schrei durch die Natur ging.« Hatte Munch, wie Kunsttheoretiker interpretieren, in diesem Bild sein Innerstes nach außen gekehrt? Den stummen Schrei seiner ausweglosen Angst vor dem Leben und dem Tod? Waren die äußeren Ereignisse, die er beschrieb, also nur eine Metapher seines Seelenzustands – oder gab es sie wirklich: als inspirierenden Anlass für sein Werk? Munch könne auf der Fjordbrücke, dem Ort der dargestellten Figur, wirklich einen fürchterlichen Schrei gehört haben, sagt der Kunsthistoriker Christian Gether, Direktor des Museums für Moderne Kunst im dänischen Arken, denn ganz in der Nähe hätten sich seinerzeit ein Heim für psychisch kranke Frauen und ein Schlachthof befunden. Doch was ist dann mit dem »Blut in Feuerzungen« über dem Fjord gemeint? Loderte der Himmel tatsächlich in dieser bildlichen Dramatik?

Zerefos liefert eine Antwort: Auch Munchs *Der Schrei* sei ein Abbild der einstigen Luftzusammensetzung und damit des Klimas. Weil viele Ereignisse der Klimageschichte exakt datiert sind, lassen sie genaue Rückschlüsse auf die historischen Entstehungsbedingungen der Gemälde zu. Der blutrote Himmel in Munchs *Der Schrei* lasse auf ein Naturereignis schließen: Der Vulkan Krakatau in Indonesien hatte im Jahr 1883 eine gewaltige Aschesäule in den Himmel geblasen. Die Eruptionswolke hatte sich über die Luft verteilt und das Sonnenlicht über einige Jahre hinweg überall auf der Erde rötlich schimmern lassen. Der Ausbruch wirkte sich auch auf das globale Klima aus, es kühlte ab. Diese einschneidende Umweltveränderung habe Munch, weitgehend unwissentlich, auf seinem farbenprächtigen Bild festgehalten, sagen die Forscher. Im Jahr 1883 muss dies geschehen sein oder nur kurze Zeit später. Kunsthistoriker hatten Munchs *Der Schrei* bislang auf das Jahr 1893 datiert, also um zehn Jahre zu spät. Die Färbung auf dem Gemälde offenbare diesen Trugschluss, meint Zerefos.

Auch die zunehmend staubige Luft der Großstädte seit dem 15. Jahrhundert ist auf vielen Gemälden gut zu erkennen: Die vorherrschende Himmelsfarbe wechselte von blauen zu gelben und im 19. Jahrhundert zu rosafarbenen Grautönen. So könnte seine Methode auch helfen, die Luftverschmutzung in Europa zu rekonstruieren, meint Zerefos.

Ihre Berechnungen testeten Zerefos und seine Kollegen mit einem Experiment. Sie ließen einen Maler auf der griechischen Insel Hydra die Mittelmeerlandschaft zeichnen. Was der Künstler nicht wusste: Er malte seine Bilder vor und nach dem Durchzug einer mächtigen Staubwolke, die aus der Sahara übers Mittelmeer zog. Die Werke hätten ihre historischen Analysen bestätigt, schreiben die Forscher: Tatsächlich habe der Maler während der Staubtage, als die Sonne den Himmel grell färbte, zu kräftigen Farben gegriffen, während er zuvor einen blasseren Horizont abbildete.

Selbst die dichtesten Staubstürme verblassen gegen die Wolke, die sich Anfang Dezember 1952 über London legte. 12 000 Menschen starben im dichten Nebel. Das nächste Kapitel berichtet, was das Wetter tödlich machte.

19

Londoner Todesnebel

Als der Nebel aufzog am 5. Dezember 1952, schenkten ihm die Londoner keine Beachtung. Am nächsten Tag jedoch verdichteten sich dunkle Schwaden; Busse mussten stehen bleiben, Autos bildeten lange Staus. Kaum einen Meter weit konnte man noch sehen. Diebe ergriffen die Chance, unerkannt zu bleiben. Leute begannen zu husten, und schmutzige Luft drang in Häuser, legte sich auf Möbel, färbte Wäsche. Auf Märkten kollabierten Kühe, Schweine und Ziegen. Immer mehr Krankenwagen mit nach Luft ringenden Menschen erreichten die Hospitäler. Nachdem starker Wind am 9. Dezember den Nebel vertrieben hatte, erschraken die Briten angesichts der Nachricht aus ihrer Hauptstadt: Tausende waren während des Nebels an Atemwegserkrankungen gestorben, viele erstickt.

Die Katastrophe war nicht vorbei: In den folgenden Monaten erlagen Tausende weitere ihrer Erkrankung – am Ende sollen etwa 12 000 Menschen dem Nebel zum Opfer gefallen sein. Nun meinen Forscher entdeckt zu haben, was das Wetter so tödlich machte: das Zusammentreffen besonderer Witterung mit Abgaspartikeln, die sich zu Gift wandelten.

Abflauender Wind war der Anfang. Bei tagelanger Windstille Anfang Dezember pusteten Schlote von Kraftwerken und Fabriken warme Luft in die Höhe, während Winterluft den Boden kühlte. Bald hatte sich eine fatale Trennschicht gebildet, die milde Luft lag über der kalten wie der Schaum auf Bier. Beide Luftschichten mischten sich kaum, es herrschte Inversionswetter.

In Bodennähe sammelten sich Abgase, sie hingen über der Stadt wie eine schmutzige Glocke. Immer weniger Sonnenstrahlung erreichte den Boden, der weiter auskühlte – bis die kalte Luft enthaltene Feuchtigkeit nicht mehr halten konnte. Die Feuchtigkeit sammelte sich an Partikeln, sie kondensierte zu Nebel.

Die Luft am Boden kühlte weiter ab, sodass die Londoner immer mehr heizten. Aus Kaminen und Fabrikschloten drangen Schwefelabgase der Braunkohle-Verbrennung in den Dunst – so viel war bereits bekannt.

Aus aktuellem Anlass aber wollten Forscher nun wissen, warum sich das Schwefeldioxid zu giftiger Säure wandelte. Ihre Sorge war, dass sich der Todesnebel in den smoggeplagten Metropolen Asiens wiederholen könnte.

Die entscheidende Zutat sei Stickstoffdioxid, berichten die Wissenschaftler um Gehui Wanga von der Chinese Academy of Sciences, die den Todesnebel in Laborexperimenten zusammengemischt haben. Die Substanz entsteht ebenfalls bei der Verbrennung von Kohle – und sorgt dafür, dass sich aus Schwefeldioxid mit Wasser Schwefelsäure bildet.

Im Londoner Todesnebel hätte ein weiterer Zufall dafür gesorgt, dass der chemische Prozess in Gang kam, schreiben die Gelehrten: Die Luft war aufgrund der seltenen Wetterkonstellation besonders feucht, sodass in ihr viel Säure entstehen konnte. Und als die Wassertröpfchen später verdunsteten, ließen sie Säure in giftiger Konzentration zurück, die Menschen schließlich einatmeten.

In China hingegen – das ist die gute Nachricht – sei die Smogluft nicht sauer, konstatieren die Forscher. Offenbar fehle mindestens eine Zutat des komplexen Londoner Giftrezepts.

Ein entscheidender Unterschied sei vermutlich, dass der Feinstaub, an dem der Nebel in Asiens Metropolen sich niederschlägt, kleiner sei – in den winzigen Wassertröpfchen entstünde folglich weniger Säure. Doch auch in China gelangen große Mengen der fatalen Zutat Stickstoffdioxid in die Luft – deshalb warnen die Forscher: »Das richtige Zusammenspiel aller Faktoren kann auch woanders als in London tödlichen Nebel entstehen lassen.«

Ein extremes Wetterphänomen wütete auch mitten im Zweiten Weltkrieg. Es ließ die Nacht hell leuchten, mit Folgen, von denen das nächste Kapitel erzählt: Radios spielten verrückt, der Strom fiel aus – und im Atlantik hatte es tödliche Konsequenzen.

20

Die taghelle Kriegsnacht von 1941

Dass etwas nicht stimmte in der Nacht vom 18. auf den 19. September 1941, bemerkten als Erstes Radiohörer im Norden der USA. Eben noch sang Bing Crosby »Where the blue of the night meets the gold of the day«, dann knarzte und knackte es – und plötzlich unterhielten sich zwei Männer über ihre Liebschaften, live auf Sendung. Ihnen folgten zwei Frauen: »Ich habe es hinbekommen mit Eddie, dass er einen Kerl für dich klarmacht«, sagte die eine. Jedem Hörer war klar: Eine normale Radiosendung war das nicht. Tatsächlich waren private Telefongespräche übertragen worden. Und das ungewöhnliche Programm hatte überirdische Ursachen. Ein gewaltiger Sonnensturm hatte die Erde getroffen, störte Stromnetz, Flugverkehr, Radiosendungen – und er griff auf fatale Weise in den Zweiten Weltkrieg ein.

Am 16. September 1941 ahnten Astronomen am Mount Wilson Observatory in Los Angeles, Kalifornien, bereits, dass die Sonne eine unangenehme Überraschung bereithielt. Sie hatten zahlreiche schwarze Flecken auf dem Gestirn beobachtet – Zeichen erhöhter Aktivität. Die Flecken sammelten sich in der Mitte der Sonne, sie zielten Richtung Erde. Den Forschern war klar: Ein Sturm geladener Teilchen war zu erwarten. Dass es der stärkste je gemessene Sonnensturm werden würde, ahnten sie allerdings nicht. Die Astronomen setzten eine Warnung ab, die auch an Radiostationen ging. Aber was sollten die Betreiber schon machen, außer zu hoffen, die Störungen würden gering ausfallen? 20 Stunden später zeigte sich, dass ihre Hoffnung trügen sollte. Vom 18. auf den 19. September prasselten binnen 24 Stunden sechs Sonnenstürme der Stärke 9, also der höchsten Magnitude, auf die Erde. Der Strom geladener Teilchen dellte den magnetischen Schutzschirm unseres Planeten, der Tausende Kilometer über der Erde Sonnenwinde normalerweise vor dem Eintritt in die Atmosphäre abfängt.

Der Schirm versagte, magnetische Wellen schossen durch die Atmosphäre – sie störten die Elektronik auf der Erde, es gab zahlreiche Stromausfälle. »Unkontrollierte Spannungsschwankungen« in den Leitungen ihrer Wasserkraftwerke, notierte etwa die Pennsylvania Water and Power Company. Transformatoren hätten »vibriert und geächzt«. Das National Bureau of Standards meldete eine »große ionosphärische Störung«, also eine Art magnetischen Schock elektrisch geladener Bereiche der Atmosphäre in großer Höhe. Eigentlich wäre es in der Neumondnacht stockfinster geblieben. Doch jetzt flackerte es grell. »Ein kosmischer Pinsel bemalte den Himmel über Chicago mit Licht«, schrieb die *Chicago Tribune* am nächsten Tag. Von »Neonlichtern« berichtete die Tageszeitung *Brooklyn Eagle*.

Zeugen glaubten an militärische Aktivitäten. »War das ein Flugabwehrgeschütz?«, fragten Anwohner laut *Washington Post*. Die USA waren damals kurz davor, in den Zweiten Weltkrieg einzutreten. Im Nordatlantik hatte das Himmelsleuchten fatale Folgen. Eigentlich hätte SC-44, ein Konvoi kanadischer Frachtschiffe, unerkannt durch die Nacht gelangen können. Doch das Flackern verriet ihn. »Einige Rauchwolken am Horizont, vermutlich Schiffe«, notierte Kapitänleutnant Eitel-Friedrich Kentrat in seinem südlich vor Grönland liegenden U-Boot U-74. »Die Sicht ist hell wie am Tage«, freute sich der Deutsche.

An seine Flotte in der Umgebung funkte er: »Feindlicher Konvoi in Sicht.« Eine Antwort erhielt er nicht, auch der Funk war gestört.

Auf der SC-44-Flotte ahnte ein Seemann das Unheil: »Was für eine Nacht für eine Torpedierung«, sagte er an Bord der *HMCS Lévis* zu einem Kameraden. Drei Kilometer entfernt gab Kapitänleutnant Kentrat auf dem U-74 den Befehl zum Abschuss von vier Torpedos. Einer zerriss die *HMCS Lévis* in der Mitte. Sie sank. 18 Seeleute ertranken, 40 wurden gerettet. Auch in der Ostsee und in Leningrad erleuchteten Polarlichter nächtliche Schlachten.

Forscher weisen auf die Folgen hin, die solch ein Sonnensturm heute hätte: Satelliten könnten von ihrer Bahn abkommen und ausfallen, das GPS-Navigationssystem würde gestört, ebenso die Elektronik weltweit, Flugzeugbesatzungen wären extremer Strahlung ausgesetzt – und auch Radiosendungen würden wieder unterbrochen. Die Folgen wären alles andere als unterhaltsam. Berechnungen der National Academy of Sciences der USA haben ergeben, dass extreme Sonnenstürme Schäden von mehr als einer Billion Euro verursachen könnten.

Fast genau 400 Jahre vor dem Sonnensturm im Zweiten Weltkrieg wütete ein noch gravierenderes Naturereignis in Europa. Mehr als 300 Chroniken enthüllen die grausamen Details einer gigantischen Katastrophe im Jahr 1540 – von ihr erzählt das nächste Kapitel.

21

Europas größte Naturkatastrophe

Nichts hatte die Katastrophe angedeutet. Das Klima hatte sich zu Beginn des 16. Jahrhunderts erholt, milde und regenreiche Jahrzehnte ließen in Europa meist üppige Ernten gedeihen, die Bevölkerung mehrte sich rapide. Medizin, Kunst und Wissenschaft erblühten, die Renaissance hielt endlich auch nördlich der Alpen Einzug. Das Jahr 1539 verabschiedete sich mit stürmischem, mildem Westwind. Es regnete viel im Dezember, die Leute flüchteten in ihre Häuser. Sie ahnten nicht, wie kostbar der Niederschlag in Kürze werden sollte.

Im Januar 1540 begann eine Trockenphase, wie sie Mitteleuropa seit Menschengedenken nicht erlebt hat, berichten Wissenschaftler, die ein riesiges Archiv an Wetterdaten heben konnten. Elf Monate fiel kaum Niederschlag, die Forscher sprechen von einer »Megadürre«. Das Jahr brach alle Rekorde: Entgegen bisheriger Einschätzung von Klimaforschern ist nicht der Sommer 2003 der heißeste – 1540 habe ihn bei Weitem übertroffen, berichten Wissenschaftler um Oliver Wetter von der Universität Bern. Klimamodelle können solch extreme Phasen der Witterung nicht darstellen, haben die Experten entdeckt. Auch die Jahresringe von Bäumen fallen als Indikatoren aus – denn Hitzestress stoppe das Pflanzenwachstum. Das 32-köpfige Forscherteam hat nun aber erstmals Daten aus mehr als 300 Chroniken aus ganz Europa zusammengeführt, etwa

Aufzeichnungen von Landwirten, Kirchen oder Schleusenwärtern – sie enthüllen Europas größte Naturkatastrophe.

Dass das Jahrtausenddesaster bereits 1539 Schwung aufnahm, blieb nördlich der Alpen unbemerkt. In Spanien hielten die Menschen seit Oktober Bittprozessionen für Regen ab. Und im Winter war es in Italien trocken und warm »wie im Juli«, heißt es in einer Wetterchronik. Heute wissen Meteorologen, dass Trockenheit im Süden oft Vorbote für andauernde Hitze im Norden des Kontinents ist. Im Januar kam die Trockenheit noch gelegen, weder Eis noch Schnee beeinträchtigten das Alltagsleben. Doch eine fatale meteorologische Zweiteilung festigte sich: Während Russland im Frühjahr über anhaltenden Schnee und Regenfluten klagte, wunderten sich die Mitteleuropäer über fortwährenden Sonnenschein und sternenklare Nächte. »Es regnete nur mal drei Tage im März«, notierte der Winzer Hans Stolz im Elsass.

Der Boden trocknete aus, er brach vielerorts wie Knäckebrot. Risse waren so tief, dass Leute ihre Füße darin baumeln lassen konnten, heißt es in einer Chronik. Was trockener Boden auslösen kann, ist seit 2003 allseits bekannt: Weil kein Wasser verdunsten kann, wobei Wärme verbraucht würde, heizt sich die Luft weiter auf. »Diese Rückkopplung hat die Hitzewelle 1540 stabilisiert«, berichtet Sonia Seneviratne von der ETH Zürich.

Das Sonnenwetter führte in Mitteleuropa zur Katastrophe. Mindestens dreimal so viele Tage wie üblich waren 1540 mehr als 30 Grad heiß. Als Erste traf es die Tiere, viele verdursteten oder starben an Hitzschlag. Unzählige Menschen brachen bei der Arbeit auf Feldern oder in Weinbergen zusammen. Spannungen verschärften sich zu Verfolgungen und Hinrichtungen. Menschen verbarrikadierten sich aus Angst vor Gewalt. Die Gesamtzahl der Toten bleibe unklar, sagt Rüdiger Glaser von der Uni Freiburg. Ein Vergleich lässt Schlimmes erahnen: Im Hitzesommer 2003 starben trotz moderner Zivilisation in

Mitteleuropa schätzungsweise 70 000 Menschen aufgrund der Witterung. Die Hitze von 2003 galt bislang als Folge der teils menschengemachten Klimaerwärmung. Doch so einfach ist es wohl nicht: Dass es 1540 ohne den künstlich verstärkten Treibhauseffekt zu einer noch schlimmeren Hitze gekommen sei, relativiere die Beurteilung des menschlichen Einflusses auf das Wetter 2003, sagt Glaser.

Immer verzweifelter suchten die Menschen im Sommer 1540 nach Trinkwasser. Selbst anderthalb Meter unter manchem Flussbett in der Schweiz fand sich »kein Tropfen«, wie der Chronist Hans Salat notierte. Brunnen und Quellen, die nie zuvor trockengefallen waren, lagen brach. Die anderen wurden streng bewacht, ausgeschenkt wurde nur beim Glockenschlag. Verunreinigtes Wasser ließ Tausende an Ruhr sterben, einer Entzündung des Dickdarms. Der Pegel des Bodensees sank so weit ab, dass die Insel Lindau mit dem Festland verbunden war, was sonst höchstens mal im Winter geschieht, wenn der Niederschlag in den Bergen als Schnee liegen bleibt und verzögert in den See fließt. »Der See war so klein«, wunderten sich Chronisten. Bäche trockneten aus, Flüsse wurden immer schmaler. Selbst große Ströme wie Elbe, Rhein und Seine »waren so klein, dass man zu Fuß durchging«, notierten Zeitzeugen. Während durch die Elbe im sogenannten Jahrhundertsommer 2003 noch etwa die Hälfte der üblichen Wassermenge geflossen sei, sei es 1540 gerade mal ein Zehntel gewesen. »Ein Rekordereignis«, konstatieren die Forscher.

Keinen ganzen Tag Regen habe es gegeben zwischen Februar und Ende September, schrieb ein Heinrich Bullinger 1540 in Zürich. In Franken registrierten Landwirte bis August nur an 19 Tagen Regentropfen. Übers ganze Jahr 1540 habe es im mitteleuropäischen Durchschnitt gerade mal ein Drittel so viel Niederschlag gegeben wie üblich, berichtet Christian Pfister von der Universität Bern. »Den ersten längeren Guss gab es erst wieder 1541.« Die Ernte verdorrte. »Preise für Mehl und Brot gingen durch die Decke«, schreiben die Wissenschaftler. Bereits Anfang August verloren die Bäume ihre staubtrockenen Blätter, »als ob schon Herbst wäre«, protokollierte ein Chronist aus Ulm. Dann kam das Feuer. Der trockene Boden entzündete sich, Wald- und Buschbrände loderten übers Land – und sie krochen in die mit Fachwerkhäuschen eng bebauten Städte. Mehr Gemeinden als jemals sonst zu Friedenszeiten im vergangenen Jahrtausend wurden von Flammen zerstört, berichtet Pfister. Wochenlang verhüllte grauer Rauch den Kontinent, hinter dem Sonne und Mond als blassroter Schimmer fast verschwanden.

Was passiert, wenn sich das Wetter von 1540 wiederholt? »Die Folgen wären dramatisch«, warnt Pfister. Ein Massensterben von Tieren sei zu erwarten, Kühlwasser für Atomkraftwerke würde knapp, der Warentransport über Flüsse käme großteils zum Erliegen, und über die Folgen für die menschliche Gesundheit lasse sich nur spekulieren. »Die Katastrophe von 1540 sollte eine Mahnung sein, was geschehen kann«, sagt Pfister. Niemand sei vorbereitet auf solch einen Extremfall. »Ich hoffe, wir müssen so etwas nie erleben.« Der menschengemachte Treibhauseffekt erhöhe allerdings die Wahrscheinlichkeit für schlimme Hitzewellen, gibt Glaser zu bedenken. Ob rechtzeitig gewarnt werden könnte, bleibt fraglich – die Ursachen sind weitgehend unklar: Über die Wetterentwicklung von 1540 lasse sich allenfalls spekulieren, sagt Sonia Seneviratne. Selbst eine frühjährliche Dürre eigne sich nur bedingt als Indikator: 2011 fiel der Frühling in Mitteleuropa ähnlich trocken aus wie 2003, ohne dass sich die Dürre in den Sommer gezogen hätte.

Einen einzigen Trost gab es für die Katastrophe von 1540. Die Hitze schuf einen Jahrtausendwein mit extrem hohem Zuckergehalt – »Er sieht im Glas aus wie Gold«, schwärmte ein Chronist. Schwedische Soldaten, die 1631 Würzburg besetzten, fahndeten vergeblich nach dem Wein – die Fässer waren vorsorglich eingemauert worden. Noch im 19. Jahrhundert ersteigerte ein englischer Händler einige Fässer. Letzte Flaschen liegen heute im Weinmuseum in Speyer. In den Sechzigerjahren kosteten Auserwählte das Getränk. Es seien erhabene Momente gewesen, berichtet Rüdiger Glaser: Für einen Augenblick habe der Wein auf den Zungen den »einmaligen Spirit« erahnen lassen. Dann zerfiel er zu Essig.

Die Katastrophe von 1540 könnte sich im Zuge des Klimawandels wiederholen. Doch viele Fragen zur Erwärmung sind ungeklärt. Im nächsten Kapitel versuche ich, den Stand der Wissenschaft zu den wichtigsten Fragen der Klimaforschung darzustellen.

22

Das Rätsel Klimawandel

Wie heftig über die Veränderung des Klimas gestritten wird, beweisen die Schimpfwörter, die den Kontrahenten zugewiesen werden: Klimalügner, Klimaleugner, Alarmist, Skeptiker, Gläubiger, Konfusionist, Falschspieler, Verzögerer, Relativierer, Warmist und vieles mehr. Vom Klimakrieg ist gar die Rede. Dabei geht es längst nicht mehr nur ums Rechthaben, sondern um Karrieren, Gruppenzugehörigkeit und politischen Einfluss. Die hier im Folgenden angeführten wissenschaftlichen Fakten gehen in der Debatte meist unter, weil jede Seite sich genehme Ergebnisse herauspickt.

Warum ändert sich das Klima?
Die Sonne ist der Motor des Klimas. Ihre Strahlung gelangt auf die Erde, die daraufhin Wärme abgibt. Die Wärme wird von Treibhausgasen in der Luft gefangen – Wasserdampf, Kohlendioxid (CO_2) oder Methan verursachen einen Wärmestau: Sie lassen zwar Sonnenstrahlung durch, aber weniger Wärmestrahlung, die von der Erde zurückgestrahlt wird. Die Gase nehmen die Strahlung auf und geben sie in alle Richtungen ab, einen Teil Richtung Erdoberfläche, die sich deshalb umso mehr erwärmt, je mehr Treibhausgase freigesetzt werden. Ohne den natürlicherweise vorhandenen Treibhauseffekt wäre es auf der Erde mehr als 30 Grad kälter.

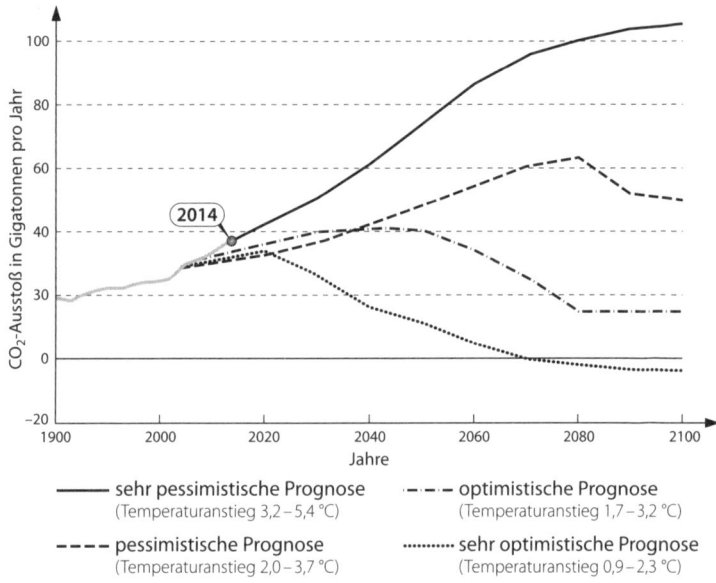

Erwärmung der bodennahen Luft im weltweiten Durchschnitt, Messungen und Prognosen

Forscher diagnostizieren einen erheblichen Einfluss des Menschen auf das Klima: Natürliche Einflüsse wie veränderte Sonnenaktivität oder Meeresströmungen zumindest können die Erwärmung seit den Siebzigerjahren nicht erklären, sie haben sich nicht gravierend genug verändert. Doch seit der Industrialisierung hat sich der Gehalt von CO_2 in der Luft um 43 Prozent erhöht, weil der Mensch zunehmend Treibhausgase aus Kraftwerken, Verkehr, Industrie und Landwirtschaft freisetzt. Zwar können Wissenschaftler nicht ausschließen, dass auch unbekannte natürliche Phänomene das Klima verändern. Allerdings gilt die wärmende Wirkung von Treibhausgasen wie Kohlendioxid (CO_2) und Wasserdampf seit Ende des 19. Jahrhunderts als physikalisch erwiesen. Messungen bestätigen, dass sich der Treibhauseffekt der Erde in den vergangenen Jahrzehnten tatsächlich verstärkt hat, weil sich zunehmend CO_2 in der Luft sammelt. Die beobachteten räumlichen Muster der Erwärmung sprechen ebenfalls für einen Einfluss der Treibhausgase – sie wärmen vor allem untere Luftschichten. Umstritten ist jedoch das Ausmaß der erwarteten Erwärmung. Viele Kräfte sind im Spiel: Schwankungen der Sonnenaktivität, Ozeanströmungen, Vulkanausbrüche, Vegetation, Eisflächen und Wolken beispielsweise. Wolken können beides: für Kühlung und Wärme sorgen – je nachdem, in welcher Höhe sie entstehen. Die Frage, wie stark diese Faktoren das Klima beeinflussen, ist Gegenstand der Forschung – ebenso die Folgen der Erwärmung.

Kann man Klimaprognosen trauen, wo doch schon die Wettervorhersage so unsicher ist?
Wettervorhersagen funktionieren anders als Klimaprognosen. Um das Wetter zu berechnen, versuchen Meteorologen die Entwicklung aller atmosphärischen Einflüsse von einem Zeitpunkt aus für die nächsten Tage zu ermitteln. Weil extrem viele Faktoren, die sich rasch ändern können, das Wetter beeinflussen, gelingt eine Vorhersage nur wenige Tage im Voraus, wenn überhaupt. Klimaprognosen indes versuchen nicht, das Wetter an einem Tag zu ermitteln. Sie sollen das durchschnittliche Wetter über mehrere Jahrzehnte berechnen. Entscheidend dabei sind die sogenannten Randbedingungen, die kontinuierlichen Klimaeinflüsse wie Sonnenstrahlung, Meeresströmungen, Treibhausgase oder Vegetation – sie bestimmen langfristig das Klima. Einige Tage lang mag es trotz starker Sonnenaktivität ungewöhnlich kalt sein, weil kalter Nordwind bläst – nach einigen Jahren wird die Temperatur aber im Durchschnitt gestiegen sein, weil die Sonnenstrahlung intensiver war.

Gleichwohl kranken die Prognosen an erheblichen Wissenslücken über das Klima. Entscheidende Einflüsse, etwa die Entwicklung der Wolken oder Veränderungen der Vegetation, lassen sich bislang nicht vorhersagen. Zum einen, weil ihre Entstehung ungenügend erforscht ist. Zum anderen, weil Computersimulationen etwa Wolken nur als Schätzwert erfassen: Sie teilen die Welt in Quader von vielen Kilometern Größe, rechnen Wetterwerte pauschal für diese Areale – Wolken fallen durchs Raster, sie können nicht einzeln dargestellt werden. Gerade aus diesem Grund unterliegen Klimaprognosen großer Unsicherheit. Immerhin aber zeigen Tests, dass die Simulationen das globale Klima der Vergangenheit recht gut nachspielen. Klimaprognosen für einzelne Regionen indes gelten als fragwürdiger – Prozesse auf kleinem Raum lassen sich kaum berechnen: Lokale Umweltveränderungen fallen meist durchs Raster der Klimamodelle.

Wie stark hat sich die Welt bislang erwärmt?
Seit dem Ende des 19. Jahrhunderts hat sich die bodennahe Luft im weltweiten Durchschnitt um knapp ein Grad erwärmt. Etwa zwei Drittel des Temperaturanstiegs fallen auf den Zeitraum seit Mitte der Siebzigerjahre. Die zehn wärmsten Jahre seit Beginn der systematischen Messungen 1880 wurden sämtlich seit 1998 gemessen, das vergangene Jahrzehnt war seither das wärmste. Die letzte 30-Jahre-Periode war zumindest auf der Nordhalbkugel wahrscheinlich die wärmste seit dem Hochmittelalter. In Mitteleuropa ist es in den vergangenen hundert Jahren um rund ein Grad wärmer geworden, besonders hohe Temperaturen werden im Winter gemessen.

Welche Folgen hat die Erwärmung bisher?
- Die Erwärmung zeitigt sichtbare Folgen: Der Meeresspiegel steigt, im weltweiten Durchschnitt stetig um rund drei Millimeter pro Jahr.
- Die Eispanzer von Grönland und der Westantarktis schrumpfen: Grönland verliert Satellitenmessungen zufolge 200 bis

400 Milliarden Tonnen Eis pro Jahr – Tendenz anscheinend steigend: Zwischen 2002 und 2011 hat Grönland sechsmal mehr Eismasse verloren als in den Jahren zwischen 1992 bis 2001. Für die Antarktis gibt es widersprüchliche Daten: Radarmessungen zeigen, dass der Eispanzer wächst, Massenmessungen indes weisen auf das Gegenteil. Ihnen zufolge verliert der Westen der Antarktis gut 100 Milliarden Tonnen Eis pro Jahr. Andere Daten zeigen, dass Schneefall in der Ostantarktis den Eisverlust im Westen noch auszugleichen scheint. Das Tauwasser von Grönland und der Antarktis zusammen trägt etwa einen Millimeter pro Jahr zum Anstieg der Meerespegel bei, bilanziert der UN-Klimarat.

- Das Meereis der Arktis schwindet: Die Schollenbedeckung schrumpft seit Ende der Siebzigerjahre um rund vier Prozent pro Jahrzehnt, die Sommereisbedeckung sogar um rund elf Prozent pro Jahrzehnt. Weil das Eis bereits im Meer schwimmt, hebt sein Schmelzen den Meeresspiegel nicht. Deshalb hat auch das tauende Schelfeis vor der Westantarktischen Halbinsel keine direkten Auswirkungen auf den Meeresspiegel.

- Gletscher schrumpfen: Weltweit verlieren die Eiszungen der Gebirge an Masse, besonders in Alaska, Patagonien und Kanada. Gletscher in Asien, den USA, Europa und Neuseeland scheinen etwas stabiler. Dort wird dramatische Schmelze in Tälern von einem Zugewinn an Schnee im Hochgebirge besser ausgeglichen. Doch auch dort ist die Bilanz meist negativ. Seit Anfang der Siebzigerjahre sind Gebirgsgletscher der Welt jährlich um rund 280 Milliarden Tonnen geschmolzen – das Schmelzwasser hebt den Meeresspiegel um fast einen Millimeter pro Jahr. Nur von 120 der 160 000 Eiszungen der Erde gibt es allerdings präzise Jahresbilanzen, und nur bei 37 reichen die Aufzeichnungen weiter als 30 Jahre zurück.

- Permafrostböden tauen: Der Norden Alaskas und Nordrussland haben sich seit den Achtzigerjahren um zwei bis drei Grad erwärmt. Seit den Siebzigerjahren wird der ganzjährig gefrorene Boden dünner; das Eis taut. Permafrostböden speichern erhebliche Mengen des Treibhausgases Methan – seine Freisetzung würde den Treibhauseffekt verstärken.
- Bäume treiben früher aus, Lebewesen verlagern ihren Lebensraum: In Deutschland blühen zum Beispiel die Apfelbäume im Schnitt 14 Tage früher als vor 50 Jahren.
- Die Ozeane sind wärmer: Die Temperaturen der Ozeane werden zwar erst seit wenigen Jahren systematisch gemessen. Alle verfügbaren Daten aber zeigen eine deutliche Erwärmung. Am stärksten erwärmte sich die Oberfläche, seit Anfang der Siebzigerjahre um rund 0,1 Grad pro Jahrzehnt.
- Die Ozeane sind saurer: Meereswasser ist basisch, doch seit Beginn der Industrialisierung ist der durchschnittliche pH-Wert von 8,2 auf rund 8,1 gefallen, also deutlich saurer geworden. Ursache ist das Treibhausgas Kohlendioxid (CO_2), das aus Abgasen von Industrie, Autos, Kraftwerken und Landwirtschaft verstärkt in die Luft gelangt. Gut 20 Millionen Tonnen CO_2 pro Tag nehmen die Ozeane auf. Im Wasser wandelt sich das Gas zu Säure. Manchen Meerestieren, wie beispielsweise Korallen, Austern und anderen Krustentieren, fällt es in saurerem Wasser schwerer, ihre Schalen aufzubauen.
- Hitzewellen sind häufiger, Kälteperioden seltener.

Ist das Wetter extremer geworden?
Das ist eine der besonders schwierigen Fragen. Weil extremes Wetter naturgemäß selten ist, verfügen selbst langjährige Statistiken über wenige Ereignisse, sodass sich ein Trend kaum ableiten lässt. Und selbst wenn sich ein Trend abzeichnet, bleibt zu beweisen, ob der menschengemachte Klimawandel die Ursache

ist – angesichts Hunderter Faktoren im Klimageschehen ist das eine knifflige Angelegenheit. Das ist der aktuelle Stand:

- Temperatur: Hitze ist häufiger, extreme Kälte seltener geworden.
- Niederschlag: Im weltweiten Durchschnitt zeichne sich bislang kein eindeutiger Trend ab, berichtet der UN-Klimarat nach Auswertung aller Studien. Örtlich fällt weniger Regen oder Schnee, anderswo mehr. In mittleren Breiten der Nordhalbkugel etwa haben Niederschläge zugenommen; in Deutschland nur im Winter. Und in vielen Regionen fällt statt Schnee häufiger Regen.
- Extremregen: Weltweit gebe es mehr Regionen, in denen Starkregen häufiger geworden ist, als Gegenden, in denen er seltener wurde, konstatiert der UN-Klimareport. Allerdings gebe es große Unterschiede und viele Regionen, in denen keine Veränderung festgestellt wurde. In Deutschland zeigen Daten bislang keine Zunahme der Tage mit Extremregen.
- Binnenhochwasser: Ob Flüsse aufgrund des Klimawandels häufiger über die Ufer treten, lasse sich bislang nicht feststellen, konstatiert der UN-Klimarat. Hauptursache sind Begradigungen der Ströme, Bebauungen von Überflutungsräumen und Versiegelung von versickerungsfähigen Böden.
- Dürre: Der UN-Klimarat hat sein Resümee von 2007, Dürren seien häufiger geworden, in seinem neuesten Sachstandsbericht korrigiert. Ein Trend lasse sich nicht feststellen. Manche Gebiete indes wurden in den vergangenen 40 Jahren häufiger von Dürren heimgesucht, etwa die Mittelmeerregion und Westafrika. Weite Teile Nordamerikas und Nordwestaustraliens hingegen können sich über weniger Dürren freuen.
- Tropische Stürme / Hurrikane: Die stärksten Hurrikane im Atlantik fallen mittlerweile heftiger aus als noch in den

Siebzigerjahren, konstatiert der UN-Klimarat. Ob das ein Trend ist, bleibt allerdings unklar. Die Häufigkeit tropischer Stürme insgesamt – Zyklone, Taifune und Hurrikane – zeige jedenfalls keinen Trend. Zwar liefern wärmere Meere den tropischen Stürmen zusätzliche Energie. Jedoch scheinen Scherwinde in größerer Höhe die Wirbel zu schwächen.

- Stürme: Auch außerhalb der Tropen zeichne sich bei Stürmen kein Trend ab, berichtet der UN-Klimarat. Es gebe weder brauchbare Belege dafür, dass Stürme insgesamt auf der Erde häufiger, noch dafür, dass sie stärker geworden sind. Der Widerstreit zweier Entwicklungen steuert die Stürme: Die Erwärmung der Polarregionen könnte Luftdruck-Gegensätze zwischen den Polen und Subtropen mildern – und Stürme schwächen. Größere Wärmeenergie aufgrund des globalen Temperaturanstiegs hingegen könnte die Winde auch anfachen.

Lassen sich einzelne Unwetter auf den Klimawandel zurückführen?

Unwetter hat es immer gegeben, deshalb lässt sich normalerweise nicht feststellen, ob ein bestimmtes Unwetter vom Klimawandel verursacht wurde. Forscher probieren es dennoch: Sie versuchen, zwei Fragen zu beantworten: Welche Witterung hat ein Unwetter verursacht? Und macht der Klimawandel diese Witterung wahrscheinlicher? Bei Hitzeperioden ist es recht einfach: Erhöht sich die Durchschnittstemperatur, verschieben sich auch die Extremwerte nach oben – einst seltene Hitze wird häufiger. So seien viele Hitzewellen auf verschiedenen Kontinenten durch den Klimawandel verursacht oder verschärft worden, erklärt die Nationale Behörde für Ozean- und Atmosphärenforschung der USA.

Bei anderen Extremereignissen ist die Beweisführung schwieriger, weil neben der Temperatur andere Effekte Einfluss nehmen. Das Beispiel Buschfeuer kann verdeutlichen, wie schwierig die Beweisführung ist: Zwar konstatiert die Nationale Behörde für Ozean- und Atmosphärenforschung der USA, dass die Wahrscheinlichkeit für Buschfeuer in Kalifornien und anderen Regionen aufgrund der Erwärmung gestiegen sei. Doch Zweifel bleiben. Denn Feuer gehören zum natürlichen Ablauf, Landschaften benötigen sie zur Erneuerung ihres Bestands und zur Düngung. Mehr Trockenheit kann die Feuer befördern, ebenso wie veränderter Bewuchs, Unachtsamkeit oder Brandstiftung – höheres Menschenaufkommen erhöht die Gefahr. Ob die Klimaerwärmung also hinter Buschfeuern steckt, ist schwer zu beweisen, zumal eine Studie 2016 gezeigt hat, dass die von Bränden betroffenen Gebiete weltweit geschrumpft sind. Selbst wenn die Sommer trockener werden, muss die Gefahr nicht erhöht sein – sofern sich übers Jahr genug Bodenfeuchte gesammelt hat.

Schwierig ist es bei allen Ereignissen, bei denen Niederschlag die wesentliche Rolle spielt: Dürren, Extremregen oder Flusshochwasser. Dass die Erwärmung künftig mehr Starkregen verursachen wird, gilt zwar aufgrund grundlegender physikalischer Annahmen als wahrscheinlich: Warme Luft nimmt mehr Wasserdampf auf. Aber wohin sich die Wolken verlagern, lässt sich kaum vorhersagen – in manchen Gegenden dürfte es also trockener, anderswo nasser werden.

Manche Prognosen erscheinen immerhin recht plausibel: Wenn die Nationale Behörde für Ozean- und Atmosphärenforschung der USA manchen Extremregen, etwa im Juli 2014 in Neuseeland oder im Herbst 2014 in den Cevennen, mit dem Klimawandel in Verbindung bringt, beruft sie sich auf Statistik: Die Regenmengen fielen aus dem langjährigen Rahmen und fügen sich gleichzeitig in einen steigenden Trend bei Regenmengen und Temperaturen in den betreffenden Gebieten ein. Insofern, so folgern die Forscher, liege ein Zusammenhang nahe: Warme Luft habe mehr Wasserdampf, mithin mehr Regen gebracht.

Bei Dürren fällt der Nachweis ähnlich schwer. Selbst die extrem lange Dürrephase, die Kalifornien in den vergangenen Jahren aufgrund beharrlicher Hochdruckgebiete erlebte, lässt sich nicht so einfach mit der Erwärmung zusammenbringen, wie es manche Studien nahelegen. Die Statistik hilft auch nicht weiter: Im Mittelalter hat es weitaus längere und schwerere Dürren in Kalifornien gegeben, die ohne CO_2-Abgase erklärt werden müssen.

Am Mittelmeer jedoch scheint die Beweislage besser: Seit den Siebzigerjahren häuften sich dort die Dürren, berichtet der UN-Klimarat. Die Entwicklung steht im Einklang mit Klimaprognosen: Im Zuge der Erwärmung werde sich – angetrieben von verstärkt verdunstendem Wasser – die Tropische Konvergenzzone ausbreiten, das Gebiet hoher Wolkentürme am Äquator. Folglich würden sich alle Klimazonen in Richtung Pole schieben – und damit auch die subtropische Trockenregion, die sich nach Südeuropa verlagern würde. Ein Prozess, der Wetterdaten zufolge also möglicherweise schon im Gange ist.

Wie stark wird sich die Welt noch erwärmen?
Wie stark sich das Klima erwärmt, hängt dem aktuellen Wissensstand zufolge wesentlich davon ab, wie viel CO_2 der Mensch in die Luft bläst. Gelänge es, die CO_2-Emissionen ab 2025 deutlich zu reduzieren, ließe sich die Erwärmung Computersimulationen zufolge auf 0,3 bis 1,7 Grad im Vergleich zu einer Referenzperiode von 1986 bis 2005 begrenzen. Gelänge die deutliche Absenkung des CO_2-Ausstoßes erst ab 2050, müsse mit einer Erwärmung von bis zu 2,6 Grad gegenüber dieser Periode gerechnet werden. Ungebremste Emissionen könnten die bodennahe Luft bis zum Ende des Jahrhunderts im weltweiten Durchschnitt um fünf Grad im Vergleich zur

Referenzperiode von 1986 bis 2005 erwärmen, warnt der UN-Klimarat. Die Arktis dürfte sich stärker erwärmen.

Aber Achtung: Das Ziel der Weltgemeinschaft, die Erwärmung auf zwei Grad zu begrenzen, bezieht sich auf die Durchschnittstemperatur Ende des 19. Jahrhundert, als es weltweit rund 0,6 Grad kühler war als in der Referenzperiode von 1986 bis 2005. Eine Erwärmung von 1,7 Grad gegenüber der Periode 1986 bis 2005 bedeutete also plus 2,3 Grad gegenüber dem Ende des 19. Jahrhunderts – das Zwei-Grad-Ziel würde überschritten.

Die berechneten Erwärmungstrends klaffen auch deshalb auseinander, weil unklar ist, wie stark der Treibhauseffekt wirkt. Die Wirkung von CO_2 haben Experimente zwar erwiesen: Um gut ein Grad wird es wärmer, sofern sich die CO_2-Menge in der Luft verdoppelt – was bis Ende des Jahrhunderts geschehen könnte. Dass die Erwärmung stärker ausfallen dürfte, liegt vor allem an einem Verstärkungseffekt: Wärmere Luft kann mehr Wasserdampf aufnehmen. Wasserdampf ist ein stärkeres Treibhausgas als CO_2 – es verschärft die Erwärmung. Der atmosphärische Klimamotor ist offenbar bereits angesprungen, die Erwärmung lässt vermehrt Wasser verdunsten. Unklar ist jedoch weiterhin, wie viel Wasserdampf künftig entstehen wird.

Eine Temperaturspanne soll die künftige Erwärmung beschreiben – die Klimasensitivität: Sie gibt unter Berücksichtigung der Wissenslücken an, um wie viel Grad sich die Luft erwärmt, sofern sich die CO_2-Menge verdoppelt. Die Klimasensitivität beträgt aktuellen Kenntnissen zufolge 1,5 bis 4,5 Grad – kein Wert dieser Spanne sei wahrscheinlicher als ein anderer, erklärt der Weltklimarat. Es ist also ungewiss, ob die Erwärmung milde oder hart ausfallen wird. Die bislang beschlossenen Klimaschutzpläne der Staatengemeinschaft reichen dem Stand der Forscher zufolge aber wahrscheinlich nicht, um die Erwärmung deutlich zu bremsen. Die meisten Staaten haben nationale Einsparziele für CO_2 bekannt gegeben. Würden die Pläne eingelöst, würde der CO_2-Ausstoß zunächst weiter deutlich steigen, und die Welt dürfte sich um rund drei Grad erwärmen. Die Rechnungen fußen allerdings auf einer mittleren Klimasensitivität – die Prognose unterliegt also erheblicher Unsicherheit.

Was ist das Zwei-Grad-Ziel?

Um eine »gefährliche Störung des Klimasystems« zu verhindern, dürfe die globale Durchschnittstemperatur nicht um mehr als zwei Grad höher liegen als zu Beginn des Industriezeitalters – auf dieses Ziel hat sich die Weltgemeinschaft geeinigt. Die Marke ist willkürlich gewählt: Weder ist eine Erwärmung von 1,9 Grad unbedenklich, noch geht die Welt bei 2,1 Grad unter. Das Zwei-Grad-Ziel ist 40 Jahre alt: Im Jahr 1975 veröffentlichte der Ökonom William Nordhaus eine Schätzung, wonach ein Temperaturanstieg von mehr als zwei Grad Celsius das Klima »aus der Bandbreite der Beobachtungen herausführen würde, die in mehreren Hunderttausend Jahren gemacht wurden«. In den Neunzigerjahren wurde das Ziel populär bei Umweltschützern, Politikern und Wissenschaftlern: 1990 warnte die Advisory Group on Greenhouse Gases, eine UN-Organisation, dass bei einer Erwärmung von mehr als zwei Grad »schwere Schäden an Ökosystemen und nichtlineare Reaktionen rasch zunehmen würden«. Sechs Jahre später warb auch das deutsche Umweltministerium für die Zwei-Grad-Grenze. Der Rat der Europäischen Union erklärte sie zum Ziel der europäischen Klimapolitik. Und beim Klimagipfel von Kopenhagen schließlich, im Jahr 2009, einigte sich die UN auf das Ziel. Die zwei Grad sind ein politischer Wert, der Orientierung auf den Klimaschutz erleichtern soll. Mittlerweile hat das numerische Kunstprodukt viele Gegner in der Wissenschaft. Doch die Wirkung der simplen Zahl ist nützlich – und die Sorge groß, dass der Klimaschutz ganz ohne Zielmarke zum Erliegen kommt.

Welche Folgen könnte die Erwärmung künftig haben?
Das Streben nach einem Weltklimavertrag fußt weniger auf robustem Wissen über das Klima der Zukunft als auf der Kenntnis hoher Risiken, wie der UN-Klimareport es sorgsam darlegt. Die Erwärmung, so die Sorge, würde problematisch, weil die Menschheit sich an die Umwelt angepasst hat – an den jeweiligen Meeresspiegel, an Temperaturen und Niederschlagsmengen. Würden sich Klimazonen, wie befürchtet, rasch verschieben, könnte es vielerorts teuer oder unmöglich werden, sich anzupassen. Der Klimawandel könnte zudem medizinische Probleme wie Ausbreitung von Krankheitserregern und soziale Probleme wie Bevölkerungswachstum, Krisen und Armut verschärfen. Je schneller der Wandel, desto größer die Risiken, warnt der UN-Klimarat.

Künftige Risiken, für die es bereits robuste Indizien gibt, sind:

- Mehr Hitzewellen: Manche Regionen könnten gar unerträglich heiß werden. Gemäßigte Regionen wie Deutschland müssten sich auf Hitzewellen mit vielen Todesfällen wie im Sommer 2003 vorbereiten – sofern sie sich nicht besser gegen Hitze wappnen, wie es südlichere Länder getan haben. 2003 starben in Mitteleuropa Zehntausende aufgrund von Hitze.
- Viele Gebirgsgletscher, die als Trinkwasserressourcen dienen, könnten verschwinden.
- Klimazonen könnten sich verschieben, Dürre-Regionen sich verlagern. In den Tropen und in mittleren Breiten wie Deutschland dürfte es mehr Niederschlagsextreme und mehr Hochwasser geben.
- Die Ozeane drohen saurer zu werden, marinen Organismen würde es schwererfallen, ihre Kalkschalen und Skelette zu bilden.

- Permafrostböden tauen, das Treibhausgas Methan könnte aus dem vormals gefrorenen Boden entweichen.
- Bis zum Ende dieses Jahrhunderts droht der Meeresspiegel laut UN-Klimarat um 26 bis 82 Zentimeter zu steigen, je nachdem, wie viel Treibhausgas der Mensch noch ausstößt. Sturmfluten würden gefährlicher. Der Anstieg könnte Jahrhunderte weitergehen. Er wird bislang mehr als zur Hälfte dadurch verursacht, dass sich Meerwasser bei Erwärmung ausdehnt.

  Der Meeresspiegelanstieg wird zudem vom Schmelzwasser tauender Gletscher ausgelöst. Zur Sorge Anlass geben neuere Studien, die rapide Schmelze in der Antarktis befürchten: Sollten Eisbarrieren wegbrechen, so die These, könnten Gletscher dahinter ihren Halt verlieren und beschleunigt ins Meer fließen.
- Eine besonders ernste Warnung kommt von Geologen: Sie haben versteinerte Korallen gefunden, die zu zeigen scheinen, dass die Ozeane in der letzten Warmzeit vor rund 120 000 Jahren, als es wohl etwa zwei Grad wärmer war als heute, fünf Meter höher gestanden haben könnten. Schmolz damals der mächtige Eispanzer Grönlands auf dramatische Weise?

Künftige Risiken, für die es an Indizien mangelt, sind:

- Wirtschaftliche Entwicklung: Bereits eine Erwärmung von zwei Grad gegenüber dem 19. Jahrhundert könnte die ökonomischen Verluste auf jährlich 0,2 bis 2 Prozent der Wirtschaftskraft treiben. Allerdings hat der UN-Klimarat weiterhin nur wenig Vertrauen in seine Rechnungen zur wirtschaftlichen Entwicklung: Soziale sowie technologische Faktoren hätten weitaus mehr Einfluss als der Klimawandel, heißt es im UN-Report.

- Ernährung: Der UN-Klimarat warnt vor Ernte-Einbußen, sie seien global gesehen wahrscheinlicher als Erntezuwächse. Allerdings bestehen gravierende Wissenslücken über das Wachstum von Getreide.

- Gesundheit: Bis zur Mitte des Jahrhunderts könnte sich der Klimawandel auch durch gesundheitliche Probleme bemerkbar machen, schreibt der Klimarat: Hitze, Unterernährung und Wassermangel könnten vermehrt Krankheiten verursachen. Andere Faktoren hätten allerdings größeren Einfluss auf die Gesundheit, weshalb verlässliche Prognosen nicht möglich sind.

- Kriege und Flüchtlinge: Der Klimawandel drohe »die Umsiedlung von Menschen zu erhöhen«, schreibt der UN-Klimarat. Bis zum UN-Sachstandsbericht 2013 gab es allerdings kaum Hinweise auf Klimaflüchtlinge; Prognosen seien aufgrund vieler anderer gesellschaftlicher Einflüsse schwierig. Würde der Klimawandel die Knappheit lebenswichtiger Ressourcen verschärfen, drohten vermehrt Bürgerkriege.

- Artensterben: Infolge der Erwärmung haben manche Lebewesen bereits ihre Lebensräume verlagert. Laut dem UN-Klimarat besteht ein hohes Risiko, dass Klimazonen sich so schnell verschieben, dass Tiere und Pflanzen aussterben. Es gebe allerdings sehr geringes Vertrauen in die Modelle, die das Aussterberisiko vorhersagen. Belege dafür, dass der Klimawandel bereits Arten habe aussterben lassen, gebe es kaum. Für den Rückgang der Artenvielfalt ist in viel höherem Maße der Mensch direkt verantwortlich, durch industrielle Landwirtschaft, Abholzung von Wäldern sowie Siedlungs- und Verkehrsflächen.

Hat die Erwärmung auch positive Folgen?
Ja, zahlreiche Gegenden vor allem in mittleren Breiten könnten von vermehrtem Niederschlag, weniger Frost oder schwächeren Stürmen profitieren. Auch extreme Kälte werde seltener, ein Vorteil: Kälte sei tödlicher als Hitze, zeigte eine Großstudie im Mai 2015 – die weitaus meisten wetterbedingten Todesfälle ereigneten sich demnach an Tagen, die ungewöhnlich kalt waren. Zudem dürfte tauendes Meereis neue Seewege durch die Arktis öffnen. Indes, so fragen Klimaforscher, was nützen die Vorteile all jenen Regionen, in denen der Klimawandel zum Problem werden könnte?

Macht die Erderwärmung Pause?
Seit der Jahrtausendwende war die Erwärmung der bodennahen Luft nahezu zum Stillstand gekommen. Klimasimulationen hatten eine solch ausdauernde Pause nicht auf der Rechnung. Für Klimaforscher wurde der sogenannte Temperatur-Hiatus auch deshalb zum Problem, weil sie die Lufttemperatur stets als prominentestes Maß in ihren Klimaberichten positioniert hatten. Plötzlich aber betonten sie, die Temperatur der Ozeane sei aussagekräftiger – schließlich schluckten die Meere 90 Prozent der Wärmeenergie. Wissenschaftler überboten sich mit Erklärungen, warum die Erwärmung der Luft ins Stocken geraten war – sie widersprachen sich teilweise. Gleichwohl, der langfristige Erwärmungstrend blieb ungebrochen: Alle Jahre der Erwärmungspause gehörten zu den wärmsten seit Beginn der Messungen Ende des 19. Jahrhunderts. Und das vergangene Jahrzehnt war das wärmste seither. Dann kam El Niño: Das periodische Wetterphänomen spülte gigantische Mengen warmen Wassers an die Oberfläche des Pazifiks. Schon 2014 stieg zum wärmsten Jahr seit Beginn der Messungen auf, 2015 und 2016 fielen noch wärmer aus. Die Pause der Erwärmung scheint beendet.

Sind sich alle Klimaforscher einig über die Klimaerwärmung?
Konsens herrscht unter Klimaforschern darüber, dass der Ausstoß von Treibhausgasen wie CO_2 oder Methan zur Erwärmung der unteren Atmosphäre führt. Selbst hartgesottene Kritiker der Klimaforschung zweifeln nicht mehr an dem physikalischen Grundsatz, dass Treibhausgase aus Autos, Fabriken und Kraftwerken Wärme in der Luft halten. Alle anderen Fragen jedoch sind mehr oder weniger stark umstritten – kein Wunder, die Umwelt ist ein hochkomplexes System, Tausende Einflüsse wirken aufeinander. Wie groß ist der menschengemachte Anteil am Klimawandel? Wie gefährlich ist die Erwärmung? Die bedeutendsten Fragen der Umweltforschung sind schwierig zu beantworten – und hier gehen die Meinungen der Wissenschaftler auseinander. Kaum ein Experte bestreitet jedoch, dass der Klimawandel mit hohen Risiken einhergeht.

Die Wahrheit ist also: Kaum etwas ist komplexer als die verworrenen Zusammenhänge der Umwelt. Die Aufklärung benötigt Zeit, doch immer wieder melden Wissenschaftler entscheidende Fortschritte. Das nächste Kapitel berichtet davon, wie sie der Wirkung der Treibhausgase auf die Spur kamen.

23

Der Treibhauseffektbeweis

Das Klima wandelt sich unsichtbar, das macht die Sache unheimlich. Treibhausgase kann man nicht sehen, ihre wärmende Wirkung verrät sich erst nach langer Zeit. Welchen Effekt haben die Gase überhaupt? Bislang gab es wenig direkte Messungen in der Natur. Beobachtungen aus elf Jahren aber bestätigen, dass sich der Treibhauseffekt der Erde tatsächlich verstärkt, weil sich zunehmend Kohlendioxid (CO_2) in der Luft sammelt – vermehrte Strahlung sollte demnach das Klima wärmen. Zwei Messstationen – eine in Alaska, eine im mittleren Süden der USA – haben zwischen 2000 und 2010 von Jahr zu Jahr höhere Wärmestrahlung registriert. Die Strahlung zeige quasi den Fingerabdruck von CO_2.

Jedes Gas in der Luft verrät sich dadurch, dass es charakteristische Wellenlängen der Strahlung zur Erde zurückwirft – ähnlich wie Gitarrensaiten ihren typischen Klang haben. Die Sorte der in den USA gemessen Strahlungswellen offenbart der Studie zufolge, dass von Jahr zu Jahr mehr Wärmewellen von CO_2-Teilchen in der Luft Richtung Erde gestreut wurden – der Treibhauseffekt hat sich also verstärkt. Den Effekt hatten Forscher prognostiziert: Je mehr CO_2 aus Abgasen sich in der Luft sammelt, desto weniger Strahlung kann von der Erde ins All entweichen – das Treibhausgas absorbiert die Wellen und strahlt sie in alle Richtungen als Wärme ab. Die Daten aus den

USA seien auf die ganze Welt übertragbar, sagt Georg Heygster von der Universität Bremen. Denn CO_2 verteilt sich in der Luft gleichmäßig. Um 0,2 Watt pro Quadratmeter habe sich ihren Messungen zufolge die Strahlungsleistung bei wolkenlosem Himmel im ersten Jahrzehnt dieses Jahrhunderts verstärkt, berichten Forscher um Daniel Feldman von der University of California in Berkeley.

Die entscheidende Frage lautet nun: Wie stark erhöht die zunehmende Wärmestrahlung die Temperatur in Bodennähe? Es ist die wohl wichtigste Frage der Umweltforschung – und eine extrem knifflige. Man könnte verzweifeln an der Komplexität der Umwelt: Abertausende Phänomene wirken aufs Klima: Manche kühlen es, etwa Schwefelgase aus Vulkanen. Manche wärmen es, etwa Rußteilchen. Bedrohlich macht die Erwärmung aber vor allem ein Verstärkungseffekt: Wärmere Luft kann mehr Wasserdampf aufnehmen. Wasserdampf ist ein stärkeres Treibhausgas als CO_2, es verschärft die Erwärmung. Ein weiterer Effekt macht die Wirkung des Wasserdampfs so schwierig zu berechnen: Er kondensiert zu Wolken. Und sie können die Luft nicht nur wärmen, sondern auch kühlen – je nach der Höhe, in der sie schweben.

Die Unsicherheiten sind also beträchtlich. Dennoch soll eine einzige Zahl die künftige Erwärmung beschreiben – die Klimasensitivität: Sie gibt an, um wie viel Grad sich die Luft erwärmt, wenn sich die CO_2-Menge verdoppelt. Läge sie bei einem Grad, was der reinen Wärmewirkung von CO_2 entspricht, wäre die Erwärmung wenig gefährlich. Doch einiges spricht für deutlich höhere Werte. Der UN-Klimarat hält bislang eine Spanne von 1,5 bis 4,5 Grad für wahrscheinlich, die Annahme gründet wesentlich auf der Kenntnis von Klimaänderungen während der Eiszeit.

Zwei Fragen müssen noch beantwortet werden: Wie stark reichert sich Wasserdampf in der Luft an? Und vor allem: Wie verändern sich die Wolken im Zuge des Klimawandels? Die gesamte Erwärmung seit Beginn der Industrialisierung Mitte des 18. Jahrhunderts deutet lediglich auf eine Klimasensitivität von rund 1,6 Grad. Doch offenbart die simple Beziehung von Lufttemperatur und CO_2-Anstieg wirklich die Empfindlichkeit des Klimas der Zukunft? »Nein«, meint Heygster – das verdeutliche der Vergleich der Erde mit einem Kochtopf: Je mehr Wasser erwärmt werden müsse, desto länger dauere die Erhitzung. »Vor allem die Ozeane schlucken derzeit die Wärme«, sagt Heygster.

Auch der UN-Klimarat, der das Wissen übers Klima zusammenfasst, sagt eine beschleunigte Erwärmung der Luft voraus, sobald die Energieaufnahme der Ozeane sich verlangsame. Bislang jedoch gilt: Der Treibhauseffekt verstärkt sich schneller als der Klimawandel. »Wir haben noch einen weiten Weg vor uns«, sagt NASA-Atmosphärenforscher Seiji Kato. Die Messungen bestätigten zwar den Treibhauseffekt. »Doch nun müssen wir noch all die anderen Klimafaktoren genauer berechnen.«

CO_2, so viel steht also fest, wärmt das Klima – wie stark die Erwärmung ausfällt, entscheidend jedoch ein anderes Treibhausgas: Wasserdampf. Eine einzige Zahl soll zeigen, wie stark sich die Welt erwärmt – von ihr handelt das nächste Kapitel.

24

Die entscheidende Klimazahl

Wolkenforscher, welch ein poetischer Beruf. Als Kind habe er Elefanten, Hasen oder Fische in den flüchtigen Wassergebilden am Himmel erkannt, erzählt Luca Lelli vom Institut für Umweltphysik an der Universität Bremen. Heute erkundet er den Himmel mit Satelliten. »Die Wolken aber sind so geheimnisvoll wie früher«, sagt er. Sie entscheiden darüber, wie stark der Mensch das Klima ändert. Schwebten ein Prozent mehr Schäfchenwetterwolken am Himmel, könnten ihre Schatten einen Großteil der Klimaerwärmung zunichtemachen. Was also passiert am Himmel?

1. Die Frage: Die wärmende Wirkung des Treibhausgases CO_2 haben Experimente zwar bewiesen: Um gut ein Grad wird es wärmer, sofern sich die CO_2-Menge in der Luft verdoppelt – was bis Ende des Jahrhunderts geschehen könnte. Denn CO_2 hält Sonnenstrahlung in der Atmosphäre zurück. Bedrohlich macht die Erwärmung vor allem ein Verstärkungseffekt: Wärmere Luft kann mehr Wasserdampf aufnehmen. Wasserdampf ist ein stärkeres Treibhausgas als CO_2, es verschärft die Erwärmung. Ein weiterer Effekt macht ihn so schwierig zu berechnen: Wasserdampf kondensiert zu Wolken. Und sie können die Luft nicht nur wärmen, sondern auch kühlen – je nach Höhe. Die Unsicherheiten sind beträchtlich. Eine Zahl soll die künftige

Erwärmung schließlich beschreiben – die Klimasensitivität: Sie gibt an, um wie viel Grad sich die Luft erwärmt, sofern sich die CO_2-Menge verdoppelt. Läge sie bei einem Grad, wäre die Erwärmung wenig gefährlich, doch einiges spricht für deutlich höhere Werte. Zwei Fragen müssen also beantwortet werden: Wie stark reichert sich Wasserdampf in der Luft an? Und vor allem: Wie verändern sich die Wolken im Zuge des Klimawandels? Antworten würden die Klimasensitivität eingrenzen, die Prognosen würden genauer.

2. *Der Streit:* Manche Forscher glauben, die Klimasensitivität sei bereits auf drei Grad bestimmt: »Solange wir nicht feststellen, dass die moderne Physik fundamental falsch ist, müssen wir mit drei Grad planen«, schrieb ein Wissenschaftler vom Potsdam-Institut für Klimafolgenforschung in einem Leserbrief an die Zeitschrift *Economist*. Die Zeitschrift hatte es gewagt, über Studien zu berichten, die eine niedrige Klimasensitivität nahelegen – davon gab es einige in letzter Zeit. Eine Arbeit etwa zeigt, dass die Erwärmung seit 1750 einer Klimasensitivität von rund 1,6 Grad entspreche. Doch offenbart diese simple Beziehung von Lufttemperatur und CO_2-Anstieg wirklich die Empfindlichkeit des Klimas der Zukunft? »Mögliche Verstärkungseffekte, sozusagen das Wackeln des Klimas, berücksichtigt die Rechnung nicht«, kritisiert der Klimatologe Björn Stevens vom Max-Planck-Institut für Meteorologie in Hamburg. Würde sich etwa die Zahl niedriger Wolken verringern, könnte sich die Erwärmung dramatisch beschleunigen.

3. *Die Messung:* Was also macht der Klimawandel mit den Wolken? »Wir wissen es nicht«, weist Stevens auf den wunden Punkt der Umweltforschung: Trotz zahlreicher Satelliten entziehen sich die flüchtigen Wassergebilde bislang einer Bilanz. Satelliten schicken zwar fortwährend Funkwellen zu den

Wolken, und Forscher sehen die Impulse auf ihren Monitoren – doch was bedeuten sie? Zeigt ein Impuls wirklich eine Wolke? Wenn ja: Ist sie hell oder dunkel? In welcher Höhe schwebt sie? Um welche Art handelt es sich? Und wie dick ist sie? »Es ist sehr kompliziert, die Daten auszuwerten und miteinander vergleichbar zu machen«, sagt Martin Werscheck, Experte für Klimasatelliten vom Deutschen Wetterdienst. Strahlung dringt nur teilweise in Wolken, große Bereiche bilden blinde Flecken. Besonders schwer erkennen Satelliten den Deckel der Atmosphäre: dünne Cirruswolken aus winzigen Eisteilchen, die in großer Höhe schweben. Sie halten Infrarotstrahlung zurück, die Luft erwärmt sich. Würde der Deckel löchriger, bremste der Klimawandel. Mehr Cirrus hingegen würden die Erwärmung beschleunigen. »Bisherige Messungen sind widersprüchlich, wir sehen keinen Trend«, berichtet Werscheck.

4. *Der Klimamotor:* Klar scheint immerhin: Der atmosphärische Klimamotor ist angesprungen, die Erwärmung lässt vermehrt Wasser verdunsten. Die Luft trage mehr Wasserdampf als in den Achtzigerjahren, berichtet DWD-Experte Marc Schröder. Der Anstieg der Feuchtigkeit verlaufe über den Ozeanen im Einklang mit dem globalen Temperaturanstieg – der Treibhauseffekt verstärkt sich. Über Land indes hat die Feuchtigkeit weniger schnell zugenommen – rätselhafterweise.

5. *Die Überraschung:* Klimazonen sollten sich verschieben, Dürre häufiger werden, Regen stärker – so prognostizieren es Klimamodelle. Ursache wäre vor allem der verstärkte Wasserkreislauf: Besonders in den Tropen treibt die Erwärmung immer mächtigerer Wolkentürme in die Höhe. Die tropische Zone breitet sich aus, verschiebt andere Klimazonen polwärts – so lautet die Theorie. Aber stimmt sie? Die subtropischen Trockenzonen schienen sich tatsächlich auszubreiten, sagt Stevens.

Auswertungen zufolge aber bestätigt sich nur in einem Achtel der Erde der vorhergesagte Niederschlagstrend, in einem Achtel hingegen widersprechen die Daten der Theorie. Und drei Viertel der Welt zeige keinen Trend, berichten Forscher um Peter Greve von der Universität Zürich in *Nature Geoscience*. Die Faustregel »Trocken wird trockener, nass wird nasser« treffe nicht zu. Eine positive Überraschung war das Ergrünen der westafrikanischen Sahelzone, wo die Wüste Sträuchern, Gräsern und Kulturpflanzen weicht. Problematisch hingegen erscheint das Austrocknen von Teilen des Amazonasgebiets.

6. Die Zahl: Bedeuten die Widersprüche Entwarnung hinsichtlich des Klimawandels? Die Forderung »Ihr müsst endlich handeln« sollte jedenfalls ergänzt werden um eine zweite, meint Stevens: »Ihr müsst endlich messen.« Solange hilft der Blick in die Vergangenheit – und der bereitet Sorge: Luftbläschen in Eisbohrkernen verraten Klimaänderungen während der Eiszeit. Sie offenbaren erhebliche Schwankungen. Computermodelle bilden den Verlauf nach. Und sie bestätigen, dass nur empfindliche Reaktionen des Klimas die eiszeitlichen Veränderungen erklären können: Die Klimasensitivität beträgt demnach 1,5 bis 4,5 Grad, mit dieser Spanne fasst der UN-Klimarat das Wissen zusammen. Kein Wert dieser Spanne sei wahrscheinlicher als ein anderer. Um 1,5 bis 4,5 Grad könnte sich das Klima also im globalen Durchschnitt erwärmen, würde sich die CO_2-Menge in der Luft verdoppeln – die Folgen wären ungewiss. Besser können Wissenschaftler die entscheidende Umweltzahl bislang nicht eingrenzen.

Die Wolken behalten ihr Geheimnis. Ihm versuchen Forscher mit Flugzeugen auf die Spur zu kommen. Im nächsten Kapitel steuern sie ihre Flieger in Hurrikane, um Wolken zu zählen – und das größte Klimarätsel zu lösen.

25

Die Wolkenzähler

Gewittert es im Westen Afrikas, blicken Atmosphärenforscher gebannt auf ihre Monitore: Genauer als je zuvor verfolgen sie, wie die Gewitter zu riesigen Sturmwirbeln verschmelzen – zum Hurrikan. Das Besondere: Auf den Wettersimulationen der Forscher sind neuerdings selbst kleine Wolken erkennbar – die konnte man bislang nur auf Satellitenfilmen sehen, nicht aber auf den Simulationen, die Klimaprognosen ermöglichen. Die bunten Filme versetzen Forscher regelrecht in Ekstase – die präzisen Wetterbilder könnten das größte Rätsel der Klimaforschung lösen: Wie schlimm wird die Erwärmung? Wolken entscheiden darüber, wie stark der Mensch das Klima ändert. Doch es mangelt an Grundwissen, selbst der grobe Trend ist unbekannt: Werden Wolken mehr oder weniger im Zuge der Erwärmung? Niemand weiß es.

Die Frage ist entscheidend: Mehr der tief fliegenden Schattenspender würden die Erwärmung bremsen, weniger von ihnen hingegen würden dafür sorgen, dass mehr Sonnenstrahlung den Boden erreicht – die Erwärmung würde verstärkt. Doch bislang sind auf Klimasimulationen keine einzelnen Wolken erkennbar. In die Rechnungen fließen lediglich Schätzwerte ein – für Gebiete von der Größe deutscher Bundesländer geben die Rechnungen zum Beispiel 30 Prozent Bewölkung für einen bestimmten Zeitpunkt an. Die Vereinfachungen stellen die Klimaprognosen nicht komplett infrage: Schließlich sollen sie nicht das exakte Wetter, sondern das durchschnittlich herrschende Klima vorhersagen, also grobe Veränderungen zeigen. Die Unsicherheiten der Rechnungen sind aber doch so groß, dass der UN-Klimarat trotz aller Warnungen vor drohenden Umweltveränderungen nur grobe Spannen für die zu erwartende Erwärmung angibt: Würde sich die Menge des Treibhausgases CO_2 in der Luft verdoppeln, dürfte sich die globale Durchschnittstemperatur in Bodennähe um 1,5 bis 4,5 Grad erhöhen, fasst der Klimarat den Stand des Wissens zur Klimasensitvität zusammen.

Vor allem das Unwissen über die Wolken sorgt für die große Unsicherheit. Trotz Abertausender Forschungsprojekte ließ sich die Spanne seit 25 Jahren nicht verkleinern – die Klimaforschung kommt bei ihrer Schicksalsfrage nicht voran. Zwei teure Neuerungen sollen das nun ändern: Simulationen und Forschungsflugzeuge.

Ihre genauen Hurrikan-Simulationen seien nur möglich, weil neue Computer in Klimaforschungszentren in Hamburg und im britischen Reading doppelt so viel Rechenleistung brächten wie ihre Vorgänger, sagt Matthias Brueck vom Max-Planck-Institut für Meteorologie in Hamburg. Der Klimatologe spricht von Goldgräberstimmung seiner Zunft. »Erstmals haben wir mit den Simulationen genaue Kopien der Wirklichkeit.«

Wie passend, dass auch die Flotte der Forschungsflugzeuge modernisiert wurde. Mit »Halo« verfügt die deutsche Klimaforschung nun über ein Flugzeug, das mit 15 Kilometern weitaus höher fliegen kann als seine Vorgänger. Es hat ein breites Arsenal von Geräten an Bord, die etwa Hurrikane von oben vermessen können. Mit den Flugzeugdaten lasse sich prüfen, wie gut die Computersimulationen das reale Wettergeschehen wiedergeben, betont Brueck.

Hurrikane bieten den Forschern beste Gelegenheit: Sie lassen ihre Simulationen laufen, die zeigen, wie sich die Sturmwirbel Richtung Amerika über den Atlantik schieben. Dann fliegen die Forscher dem Wetterungetüm mit »Halo« entgegen – und zählen die Wolken, um zu kontrollieren, ob die Simulationen tatsächlich die Wirklichkeit abbilden. Die Daten werden noch ausgewertet. Je realistischer die Simulationen seien, desto besser gerieten künftige Hurrikan-Warnungen, sagt Brueck. Bislang ließe sich nicht vorhersagen, aus welchen Gewittern Hurrikane entstehen. Die Simulationen aber verrieten den Zustand der Wirbel im Detail, sogar die Menge der Energie im Innern ließe sich erkennen.

Die Simulationen wären demnach schlauer als die Wetterdaten, die ihnen zugrunde liegen: Die stammen vom Europäischen Zentrum für mittelfristige Wettervorhersage (European Centre for Medium-Range Weather Forecasts, ECMWF) und sind auf 15 Quadratkilometer genau – einzelne Wolken fallen also durchs Raster, sind nicht erkennbar. Die neuen Animationen aber rechnen die Wetterdaten so präzise in die Zukunft, dass sich in den Filmen einzelne Wolken herausschälen. Die entscheidende Frage lautet nun: Wie genau sind die Simulationen? Zur Klärung startet »Halo« im Winter und im Sommer, um bei unterschiedlichem Wetter die reale Bewölkung mit den Simulationen zu vergleichen. Die Wolkenzählung soll zeigen, wie Bewölkung auf Erwärmung reagiert – und damit endlich genauere Klimaprognosen ermöglichen.

Von einem anderen Klima-Mysterium erzählt das nächste Kapitel: Während sich die Erde erwärmt, breitet sich im Meer vor der Antarktis paradoxerweise immer mehr Eis aus.

26

Antarktisches Meereis-Paradoxon

Lange glaubten Wissenschaftler, das Problem würde vorübergehen. Sie erwarteten, es würde sich nur um eine flüchtige Eigentümlichkeit handeln. Doch Satelliten bestätigen immer wieder aufs Neue, dass sich das Meereis vor der Antarktis stetig ausbreitet – trotz Klimaerwärmung. Während die Eisschollen im hohen Norden, in der Arktis, stark schwinden, werden im Süden ganz andere Rekorde gebrochen: Noch nie seit Beginn der Messungen Ende der Siebzigerjahre schwamm so viel Eis vor dem Südkontinent. Gleichzeitig aber, wundern sich die Forscher, haben Treibhausgase die Luft weltweit aufgeheizt. Nun meinen sie, das sogenannte antarktische Meereis-Paradoxon endlich aufklären zu können.

Eine entscheidende Erkenntnis gibt es: Das Meereis der Antarktis ist weniger abhängig von der Lufttemperatur. Während die Arktis von Landmassen umzingelt ist, treffen im Süden alle großen Ozeane aufeinander. »Vor allem die Meere bestimmen, was mit den Eisschollen der Antarktis geschieht«, sagt Klimaforscher Hugues Goosse von der Universität von Louvain in Belgien. Die entscheidende Frage scheint, wie stark warme Tiefenströmungen, die das kalte Oberflächenwasser unterwandern, ihre Wirkung entfalten. Steigen sie in flachere Gefilde, tauen die Schollen. Das Gegenteil scheine derzeit zu geschehen, wie Goosses Ergebnisse zeigen: Das wärmere Tiefenwasser wurde in den vergangenen Jahren stärker zurückgehalten, sodass es wenig Wirkung hatte. Wie war das möglich? Die Situation ist vergleichbar mit der Schichtung von Bier: Leichter Schaum schwimmt auf schwerem Gebräu. Vor der Antarktis liegt leichteres Oberflächenwasser auf salziger und damit schwererer Tiefenströmung. Und je mehr Schmelzwasser das Oberflächenwasser verdünnt, umso leichter wird es. Die Folge: »Die Trennung von der Wärmeströmung darunter wird verstärkt, beide Wasserschichten vermischen sich noch weniger«, sagt Goosse. Warum aber vermehrte sich Schmelzwasser an der Meeresoberfläche?

Goosse glaubt an »vorübergehende Schwankungen der Witterung«, beispielsweise Änderungen der vorherrschenden Windrichtung. Winde bliesen über dem Südkontinent mittlerweile stärker ablandig, sodass sich Schollen und Eisberge in alle Richtungen zerstreuten, bestätigen Forscher um Jinlun Zhang von der University of Washington. Die Drift habe Platz geschaffen für neues Meereis vor der Küste, wo Gletscher ins Meer kalben. Immer mehr Schollen also tauten – der Kontrast zum schweren Tiefenwasser verstärkte sich. Forscher des National Snow and Ice Data Center in den USA meinen, das Ozonloch habe den Wind in der Antarktis verstärkt: Aufgrund des Ozonmangels hielten hohe Luftschichten weniger Sonnenwärme, sie kühlten und sackten ab – Luftdrucksysteme änderten sich, der Wind frischte auf. Auch verstärkter Schneefall könnte das Paradoxon teilweise erklären, meinten Forscher. Es hat mehr geschneit um die Antarktis. Schnee legt sich wie eine Hülle auf die Eisschollen, er schützt sie vor wärmender Sonnenstrahlung – das Meereis bleibt länger erhalten. Womöglich aber kommt eine weitere Hypothese ins Spiel, die eine Fernwirkung des Atlantischen Ozeans auf die Antarktis nahelegt. »Ich denke, diese Erklärung löst das Antarktische Meereis-Paradoxon«, meint Petteri Uotila vom Finnish Meteorological Institute in Helsinki.

Forschern der New York University war ein erstaunlicher Zusammenhang aufgefallen: Die Witterung im Nordatlantik und die in der Antarktis scheinen über Tausende Kilometer hinweg im Gleichschritt verbunden. Die Atlantische Multidekaden-Oszillation lässt die Wassertemperatur im Atlantik über Jahrzehnte schwanken, je nachdem wie stark Strömungen fließen. Und die Schwankungen wirken sich langjährigen Klimadaten zufolge bis in die Antarktis aus. Kippt der Atlantik in seine warme Phase, vergrößert sich Meereis vor der Antarktis, berichten Forscher um Xichen Li von der New York University. Ein Zufall? Wohl kaum, meint Li: Computersimulationen hätten den Effekt bestätigt. Offenbar lasse die atlantische Klimaschaukel den Meeresspiegel vor der Antarktis schwanken. Dadurch ändere sich die Ausbreitung der Eisschollen. Wie das genau geschehe, bleibt allerdings unklar. »Wir haben aber anscheinend eine überraschende Fernwirkung entdeckt«, sagt Li. Langfristig jedoch dürfte der Klimawandel auch das antarktische Meereis treffen, meint Goosse. »Wir haben es hier mit natürlichen Schwankungen zu tun, die die Erwärmung nur maskieren.«

Auch auf der anderen Seite der Erde geschieht Seltsames mit dem Eis. Der mächtige Eispanzer Grönlands wird schwarz. Das nächste Kapitel findet gleich neun Ursachen.

27

Grönlands dunkle Seite

Grönland – nichts als weiße Unendlichkeit? Irrtum, ein unheimlicher Wandel scheint im Gange. Seit Mitte der Neunzigerjahre wird der kilometerdicke Eispanzer des Landes dunkler. Daten des National Snow and Ice Data Center in den USA zufolge verlor das Eis ein Fünfzehntel seiner Rückstrahlkraft (die sogenannte Albedo) – dunklere Flächen reflektieren weniger Sonnenlicht. Der Wandel könnte eine Kettenreaktion auslösen: Je dunkler das Eis, desto mehr Wärme sammelt sich. Anstatt die Sonnenstrahlen zurück ins All zu reflektieren, wird die Energie zum Schmelzen des Eises umgesetzt.

Staub und Ruß könnten das Tauen des Grönlandeises um sieben Prozent beschleunigen, berichten Forscher um Thomas Goelles von der University Centre in Svalbard. Der Hauptgrund: Je weiter sich die Gletscher zurückziehen, desto mehr vom Wind aufs Eis gewehten Sandboden geben sie frei. Doch es sind nicht nur dunkle Partikel – diverse weitere Phänomene verdunkeln das Grönlandeis, melden Gelehrte um Marco Tedesco von der City University of New York. Ihr überraschendes Resümee: Die Wissenschaft müsste die Ursachen erst noch finden.

Ihr Kollege Chris Polashenski vom Dartmouth College in Hanover, USA, räumt mit dem Vorurteil auf, allein industrieller Ruß würde Grönland färben. Zwar überziehen immer wieder Rauchwolken arktischer Buschbrände den Eispanzer, sie legen grauen Schleier auf den Schnee. Auch Aschewolken von Vulkanen aus Island und Alaska schwärzen gelegentlich das Eis. Doch auch Eisflächen, auf denen sich dunkle Partikel nicht mehrten, würden inzwischen weniger Sonnenlicht zurückstrahlen, schreiben Polashenski und seine Kollegen. Was geht da vor?

Schwarze Schleier könnten das Dunkeln also bei Weitem nicht erklären, folgert Tedesco. Ein verantwortliches Phänomen bleibe unsichtbar, schreibt er, und es werde verstärkt von der Klimaerwärmung: Taut der weiße Schnee, legt er älteres Eis frei – und dies verdunkle unmerklich die Gletscheroberfläche. Denn altes Eis ist gröber, seine Rückstrahlkraft geringer. Je mehr altes Eis freiliegt, schreibt Tedesco, desto stärker erwärme sich das Eis – das Schmelzen beschleunigt sich. Tauendes Eis legt aber auch andere Schmelzverstärker frei: Staubpartikel, die etwa von zurückliegenden Vulkanausbrüchen stammen. Nachdem das Tauwasser durch Rinnen im Eis abgelaufen sei, hinterlasse es mancherorts einen feinen Partikelteppich, berichten Tedesco und seine Kollegen.

Der dunkle Film schmilzt nicht, im Gegensatz zum Eis; er verharrt auf dem Gletscher. Seine dunkle Farbe schluckt mehr Sonnenlicht als das Eis, weshalb auch aus diesem Grund das Tauen verstärkt werde. Im Westen Grönlands entdeckten Forscher der Universität Utrecht unlängst eine besondere Ursache für dunkel gefärbtes Eis: Staub aus der Urzeit. Auf einer Fläche, so groß wie Sachsen-Anhalt, schimmert der Schnee dort jeden Sommer schwarz. Im Winter jedoch wird er wieder weiß, bislang zumindest. Taut der Schnee an der Oberfläche im Sommer, tritt der Staub aus der Urzeit zutage, haben die Forscher entdeckt. Während der Eiszeiten drifteten gewaltige Staubwolken um die Welt. Viel Wasser war damals in Eis gebunden, der Boden war trockener und wurde vom Wind aufgewirbelt. Grönland lag unter einem natürlichen Sandstrahlgebläse. Der Staub schlug sich auf dem Eispanzer nieder; Schnee der folgenden

Jahrtausende deckte ihn zu. Nun wird er bei sommerlichem Tauwetter regelmäßig freigelegt. Verstärkt sich die Schmelze, dürfte er permanent zum Vorschein kommen.

Auch Lebewesen spielten eine Rolle bei der Verdunklung des Grönlandeises, berichtet Tedesco: Je länger die jährliche Schmelzsaison dauere, desto mehr Bakterien würden im Tauwasser gedeihen. »Doch niemand weiß, wie groß ihr Effekt ist.« Schließlich wirke sich das Wasser aus: Je mehr bläuliche Tümpel sich auf dem Eis sammelten, desto weniger Sonnenlicht pralle am Eis ab. Die Wasserpfützen würden doppelt so viel Strahlung schlucken wie eine Eisfläche. »Wir müssen die Wirkungen der einzelnen Effekte verstehen«, sagt Tedesco. Ansonsten ließe sich die Wandlung des Grönlandeises kaum vorhersagen.

Mehr als Eisschmelze fürchten die Grönländer den Piteraq – Anwohner sprechen von Sturmüberfällen: Mit brachialer Wucht stürzen Kaltluftlawinen vom Eispanzer auf Siedlungen. Was da vor sich geht, entschlüsselt eine junge Forscherin aus Kiel im nächsten Kapitel.

28

Unsichtbare Frostlawinen

Einheimische ahnten Böses, als am 22. November 2015 der Himmel über Grönland plötzlich aufklarte. Er leuchtete metallisch blau. Wenige Stunden später ging es los. Eine unsichtbare Lawine überfiel Grönlands Küste, eine brachiale Sturzflut eiskalter Luft. Mit 250 Kilometern pro Stunde schleuderte sie Boote umher, die in den Hafenwerften von Tasiilaq aufgebockt waren, der mit 2100 Einwohnern größten Stadt im Osten des Landes. Die Bewohner hatten sich in ihren Häusern verbarrikadiert, doch der Sturm, ein sogenannter Piteraq, schlug Löcher in manche Holzbauten. Piteraq bedeutet: »Das, was einen überfällt«.

Jene, die vor den minus 20 Grad kalten Stürmen nicht in beheizte Häuser fliehen können, haben meist keine Chance. Betrunkene etwa, die im Freien übernachten. Oder Wanderer, die in den gebirgigen Weiten Grönlands von einem Piteraq überrascht werden. Wie der 31-jährige Philip Goodeve-Docker, der im August 2013 – also im Hochsommer – erfror, nachdem ein Piteraq sein Zelt zerfetzt hatte, das er in der gebirgigen Gletscherwildnis aufgeschlagen hatte. »Wir hatten ihn fest umarmt, um ihn zu wärmen«, berichteten seine zwei Begleiter, die wenige Stunden nach Philips Tod von einer Hubschrauberbesatzung aus der Kälte gerettet worden waren. Noch heftiger blies es am 5. Februar 1970. Am Nachmittag schredderten Böen

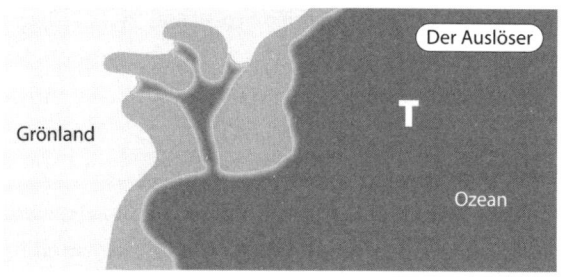

Der Auslöser

Grönland

T

Ozean

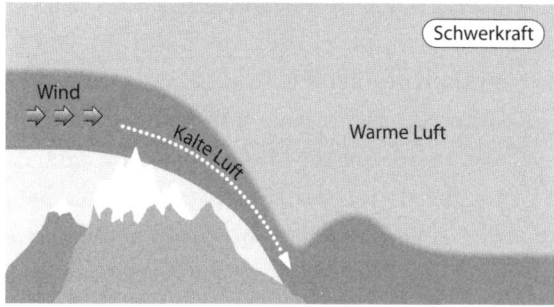

Schwerkraft

Wind

Kalte Luft

Warme Luft

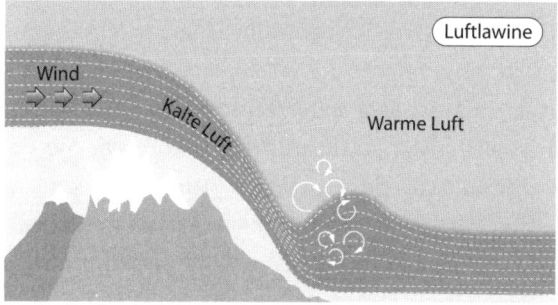

Luftlawine

Wind

Kalte Luft

Warme Luft

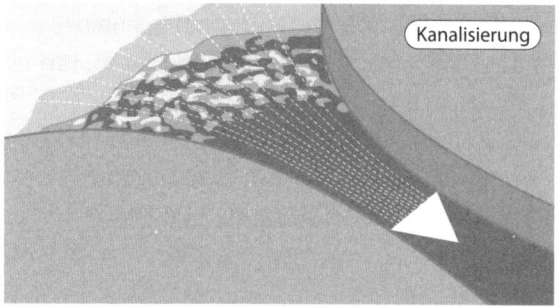

Kanalisierung

Diese vier Zutaten erzeugen einen Piteraq

von mehr als 300 Kilometern pro Stunde so viele Holzhäuser in Tasiilaq, dass überlegt wurde, den Ort aufzugeben. »Südgrönland ist von einem unheimlichen Orkan heimgesucht worden«, titelte ratlos das *Hamburger Abendblatt*. Was wirklich passiert war, wusste niemand.

Noch heute sind die unheimlichen Grönlandstürme kaum erforscht. Die Einheimischen helfen sich traditionell mit einer simplen Regel: Klart der Himmel plötzlich auf, sodass er metallisch blau leuchtet, könnte es bedrohlich werden. Nur in einem alten grönländischen Schulbuch habe sie genauere Erläuterungen zu Piteraqs gefunden, erzählt Marilena Oltmanns vom Helmholtz-Zentrum für Ozeanforschung Kiel. Nach der Analyse von mehr als 200 der rätselhaften Stürme hat sie eine Erklärung des zerstörerischen Naturphänomens vorgelegt. Auf Satellitenfotos Grönlands war ihr Seltsames aufgefallen: Von einem Tag auf den anderen waren eben noch zugefrorene Fjorde plötzlich eisfrei. »Sie waren wie leer gefegt«, staunte Oltmanns. Was ging da vor?

Die junge Forscherin hat erkundet, warum die Stürme in Grönland dermaßen stark aufdrehen können. Sie entdeckte Verstärkungseffekte, die aus Wind Sturm machen – und aus Sturm einen Eisorkan, der stärker wütet als die meisten Hurrikane. Das Unheil kündigt sich an mit einem T auf der Wetterkarte, also einem Tiefdruckgebiet. Zieht es südöstlich von Grönland nordwärts, ist größte Vorsicht geboten – denn dann steht mit dem Tief eine Sturmturbine bereit. Tiefdruckgebiete saugen Luft an, weil in ihnen Luft in die Höhe steigt; der Luftdruck am Boden fällt. Vor der Küste Grönlands wirken die Tiefs geradezu explosiv, denn über Grönland lagert stets der Gegenpol: ein Hochdruckgebiet. Weil die Luft über dem teils drei Kilometer hohen Eispanzer stark abkühlt, sinkt sie ab – und lastet schwer auf dem Land; der Luftdruck steigt. Der hohe Luftdruck sucht sich einen Abfluss. Ein nahes Tief kommt gerade recht: Es saugt die Eisluft von Grönland aufs Meer – der Wind frischt auf. Warum aber, fragte sich Marilena Oltmanns, kann die Brise zu einem Kaltluftüberfall beschleunigen, zum Piteraq?

Der Blick auf die Daten grönländischer Wetterstationen machte sie misstrauisch: Bei Piteraqs registrierten die Instrumente ganz unterschiedliche Windstärken, manche maßen selbst bei den heftigsten Unwettern nur mäßigen Sturm, andere Geräte hingegen waren vom Sturm zerfetzt worden. Oltmanns Folgerung: Die Stürme werden örtlich verstärkt. In der wissenschaftlichen Literatur stieß die Forscherin auf ein erstaunliches Phänomen, das das Geschehen in Grönland erklären könnte: Kalte Luftmassen, die Gebirge hinabstürzen, brechen wie Wellen in der Brandung. Sobald sie wie Brecher am Strand in sich zusammenkrachen, beschleunigen sie mit extremer Wucht. Doch es kommt noch schlimmer: Täler und Fjorde säumen die Küste Grönlands. Sie kanalisieren den herabstürzenden Eissturm. Die Luft schießt aus solchen Verengungen wie eine Kugel aus einem Gewehrlauf. Der Ort Tasiilaq etwa liegt am Ende eines Tals.

Am stärksten stürmen Piteraqs demnach an der Küste. Ihre Gewalt könne das Eis vor der Küste zertrümmern und aufs offene Meer drücken, meint Marilena Oltmanns. Kein Wunder also, dass die Fjorde leer gefegt sind. Die größte Gefahr besteht in Küstenorten, die unterhalb der Klippen und am Ende der Täler liegen. »Ein Piteraq«, sagt Oltmanns, »kollidiert dort regelrecht mit einer Siedlung.«

Auch auf der anderen Seite der Erde, in der Westantarktis, geschieht Monströses, dort wächst unserem Planeten eine Beule. Sie verändert die Erddrehung und macht die Tage länger. Davon handelt das nächste Kapitel.

29

Der Erde wächst eine Beule

Klimaforscher mahnen seit Langem, die Gletscherschmelze in der Antarktis werde gravierende Auswirkungen haben. Was sie aber nicht auf der Rechnung haben: Der Eisschwund auf dem Südkontinent lässt der Erde eine Beule wachsen – und die verändert sogar die Erddrehung.

Es sind aber auch andere Kräfte am Werk. Um mindestens 15 Millimeter pro Jahr beult sich die Erdkruste aus, hat eine Forschergruppe um Grace Nield von der Newcastle University in Großbritannien festgestellt. Das zeigen Messungen von sieben GPS-Stationen, die verstreut an der Küste des nördlichen Zipfels des Kontinents stehen. Betroffen von der Hebung scheint ein riesiges Gebiet: die Westantarktische Halbinsel, die sich wie ein Finger nach Südamerika streckt. Abseits der Stationen, in Regionen größten Gletscherschwundes, dürfte die Ausbeulung noch weitaus stärker ausfallen, meinen die Forscher. »Die Hebungen, die wir über mehr als ein Jahrzehnt gemessen haben, würde man eigentlich über Jahrtausende erwarten«, erklärt Nield.

Eine Ursache schien rasch gefunden: Von der Eislast befreit, hebt sich der Boden wie eine Waage, von der Gewicht genommen wurde. So federn noch heute, 11 000 Jahre nach dem Ende der Eiszeit, Teile Nordeuropas um wenige Millimeter pro Jahr nach oben – Gebiete, die einst unter Gletschern einsanken, wippen hoch. Doch in der Antarktis gibt es eine weitere Ursache für die akute Schwellung: Es brodelt im Untergrund. Unter der felsigen Erdoberfläche schmort ab etwa 60 Kilometer Tiefe ein tausend Grad heißes Gestein-Magma-Gemisch, auf dem die Erdplatten an der Oberfläche treiben wie Eisberge im Meer. Verringert sich das Gewicht des Treibguts, schwimmt es auf wie Korken im Wasser. Und das geschehe derzeit in der Antarktis: Das schwindende Eis sorge dafür, dass die Erdkruste hochfedere – jedoch deutlich schneller, als zu erwarten wäre. Ursache hierfür scheinen unterirdische Hitzewallungen zu sein.

Die zähflüssige Gesteinsglut im Erdinneren dränge überraschend stark nach oben, berichten die Forscher – sie hebe den Untergrund. Berechnungen zeigten, dass die Strömungen des Erdmantels unter der Antarktis »viel schneller« flössen als erwartet. »Dass die Gletscherschmelze sich bis in Hunderte Kilometer Tiefe auswirkt, ist faszinierend«, sagt Peter Clark von der Newcastle University in Großbritannien. Offenbar liege unter dem Eis eine vulkanisch aktive Zone, ein sogenanntes Backarc-Becken – solche Regionen entstehen hinter der Kollisionsfront zweier Erdplatten: Ein Plattencrash setzt die Erdkruste unter Spannung. Wo sie aufreißt, drängen die zähflüssigen Eingeweide der Erde nach oben. Schließlich läuft Magma aus, wie Blut aus einer Wunde. Die Entdeckung von Vulkanen unter dem Eispanzer der Westantarktis passe zu ihrer Theorie, meinen Nield und ihre Kollegen.

Seit 2002 hat sich die Hebung stetig beschleunigt. Das Ungleichgewicht scheine damals folglich akut geworden zu sein, meint der Geophysiker Bernhard Steinberger vom Helmholtz-Zentrum Potsdam. Die rasche Hebung lasse sich am ehesten mit der ungewöhnlichen Aufwärtsbewegung der zähflüssigen Region im Erdinneren erklären, der Asthenosphäre, bestätigt der Forscher. »Wenn durch weiteres Abschmelzen des Eises das Ungleichgewicht größer wird, könnte sich die Hebung sogar weiter beschleunigen«, sagt er. Die Beule wirkt sich auf den gesamten Globus aus. »Die Drehgeschwindigkeit der Erde sollte sich durch Abschmelzen des Eises und Massenverschiebungen im Erdinneren geringfügig verlangsamen«, sagt Steinberger. Die Tage werden also um den Bruchteil einer Sekunde länger. Ursache ist der Eistänzerin-Effekt: Wie eine Eistänzerin, die bei einer Pirouette ihre Arme ausstreckt, dreht sich der Planet langsamer – weil ihm eine Beule wächst.

Noch hat ein Tag 24 Stunden – doch in Zukunft gilt das nicht mehr. Tontafeln der Babylonier verraten die Zukunft: Sie beweisen im nächsten Kapitel, dass sich die Erddrehung tatsächlich verlangsamt.

30
Babylonische Keilschriften verraten die Zukunft

Es sei faszinierend, sagt der Geophysiker Duncan Agnew von der University of California in San Diego. »Da haben einige Leute vor 2500 Jahren Zeichen in Ton geritzt, und heute schreiben Kollegen darüber eine Studie zur Rotation der Erde.«

Die Tontafeln gingen verloren, erst im 19. Jahrhundert haben Archäologen sie im Irak ausgegraben. Die Babylonier haben auf ihnen in Keilschrift den Stand der Sonne notiert. »Erstaunlich, dass es diese Informationen gibt«, sagt Agnew. Die Auswertung der Tonscheibennotizen ergab, dass sich die Drehung der Erde weniger stark verlangsamt als angenommen. Vor allem die Gezeitenkraft des Mondes bremst die Rotation der Erde. Aber auch alle Massen, die auf der Erde in Bewegung sind, verändern die Drehung – etwa Gletscher, Magma, ja selbst fallendes Laub. Doch der Mond wirkt bei Weitem am stärksten: Seine Schwerkraft zerrt an der Erde, sodass sich das Wasser der Ozeane zu Gezeitenwellen türmt, die Ebbe und Flut auslösen. Das schwappende Wasser erzeugt Reibung, sie bremst den Planeten – die Tage werden länger. Früher, als sich die Erde schneller gedreht hat, waren die Tage viele Stunden kürzer; ein Tag ist die Dauer einer Drehung der Erde um sich selbst. Vor vier Milliarden Jahren dauerte ein Tag aktuellen Rechnungen zufolge nur 14 Stunden. Die Aufzeichnungen der Babylonier aber ändern die Kalkulationen: Nicht um

2,3 Tausendstelsekunden (Millisekunden) pro Jahrhundert – wie es Satellitendaten nahelegen – verlangsame sich die Erdrotation, sondern um nur 1,8 Tausendstelsekunden, haben Forscher um Leslie Morrison vom Royal Greenwich Observatory in England herausgefunden.

Ihr Ergebnis lesen die Forscher aus den Keilschriften in Tontafeln, die Menschen vor rund 2500 Jahren in Babylon hinterlassen haben. Zudem werteten sie Hunderte antiker Texte aus Griechenland, China, Europa und Arabien aus – Aufzeichnungen über Sonnen- und Mondfinsternisse. Bei einer totalen Sonnenfinsternis im Jahr 136 vor Christus etwa lag Babylon mitten im Schatten. Rechnet man die Bahn der Erde um die Sonne in jene Zeit zurück, mit gleichbleibender Rotation der Erde, zeigt sich: Die Sonnenfinsternis hätte nicht Babylon verfinstert, also den heutigen Irak, sondern Spanien. Weil sich aber die Erddrehung verlangsamt hat, traf der Sonnenschatten damals Babylon. Ein Tag war zu Zeiten der Babylonier etwa vier Hundertstelsekunden kürzer. Seither sind etwa eine Million Tage vergangen. Seit Babylon ergibt sich also für jeden Ort auf der Erdkugel ein Unterschied der Uhrzeit von mehreren Stunden. Der Unterschied ist deshalb so hoch, weil sich die Zeitunterschiede jedes Tages der letzten 2700 Jahre addieren: War es also vor 2700 Jahren 12 Uhr mittags in Babylon, so ist es heute erst einige Stunden später 12 Uhr dort.

Weil Babylonier und andere Menschen der Antike den Zeitpunkt der astronomischen Ereignisse exakt vermerkt hatten, lässt sich die Diskrepanz zwischen der Stellung der Erde damals und der heute präzise herausfinden; die Forscher überprüften Hunderte Aufzeichnungen. Sie haben berechnet, welche Uhrzeit bei konstanter Erddrehung an den Sonnenfinsternis-Orten herrschen würde – und welche die antiken Völker tatsächlich notiert haben. Aus dem Unterschied ergibt sich, wie stark sich die Erddrehung verlangsamt hat.

Dass die antiken Quellen die Daten von Satelliten präzisieren, fasziniert Forscher. »Die Beschreibungen der Babylonier sind so plastisch«, sagt Duncan Agnew. Er zitiert eine 2700 Jahre alte Keilschrift zur Sonnenfinsternis: »Wenn der Tag plötzlich zur Nacht wird und die Sterne erscheinen.« In ferner Zukunft wird ein Tag 25 Stunden dauern. Theoretisch würde die Drehung der Erde irgendwann sogar stehenbleiben. Doch zuvor – das zeigen Berechnungen von Astronomen – wird sich die alternde Sonne aufblähen und Erde und Mond verdampfen.

Die Bremsung der Erdrotation verläuft nicht ohne Wackeln. Die Erde sucht ihr Gleichgewicht, ihre Drehachse wankt. Das nächste Kapitel ergründet eine außergewöhnliche Folge: Der Nordpol wandert.

31

Eisschmelze lässt Erde taumeln

Wie ein Kreisel dreht sich die Erde, jeden Tag einmal um sich selbst. Einen Kreisel lässt man kreisen, indem man ihn an seiner Achse dreht. Die Drehachse der Erde aber ist unsichtbar: Sie markiert jene senkrechte Linie, entlang derer der Planet im Gleichgewicht ist – und um die er sich dreht. Die Drehachse durchstößt den Planeten vom Südpol zum Nordpol. Doch die Achse sucht ihre Balance, sie taumelt – der Punkt, an dem sie die Erde durchstößt, wandert.

Mehrere Kräfte sind am Werk: Winde, Ozeanströme, Luftdruckschwankungen oder Unwuchten im Erdinnern zerren von allen Seiten. Der Klimawandel habe den Taumel der Drehachse verstärkt, entdeckten Geophysiker. Weil die Erwärmung Gletscher schmelzen lässt, ändert sich die Verteilung von Massen auf der Erde, sodass sie aus dem Gleichgewicht gerät. Um 15 Zentimeter pro Jahr rückt der Nordpol derzeit Richtung Europa, berichten die Forscher um Surendra Adhkari von der NASA. Der Pol hat damit einen neuen Weg eingeschlagen.

Bis zur Jahrtausendwende hatte sich der Nordpol in Richtung Grönland bewegt, um 20 Meter in 100 Jahren – was wohl eine Folge der Eiszeit war: Der Schwund riesiger Eismassen in Nordamerika hatte die Drehachse kippen lassen. Warum die plötzliche Kursänderung? Die Forscher meinen, die Ursache gefunden zu haben: Geschrumpfte Gletscher in Grönland und

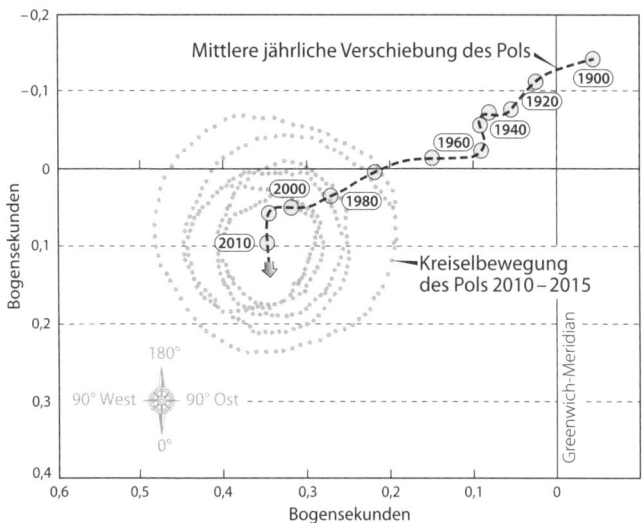

Verschiebung des geografischen Nordpols seit 1900

in der Antarktis sowie Wasser, das sich auf dem Festland gesammelt hat. Das Schmelzwasser der großen Eisschilde habe die Masse der Gletscher in Grönland und in der Antarktis verkleinert und die Masse teilweise in die Ozeane verlagert. Seit 2003 hätte sich so viel Wasser umverteilt, dass die Drehachse nach Osten getaumelt sei. Surendra Adhkari und seine Kollegen berufen sich auf Messungen der beiden »Grace«-Satelliten, die die Erde in rund 300 Kilometer Höhe umkreisen. Sie registrieren die Erdanziehung: Über Orten mit höherer Schwerkraft beschleunigen die Sonden. Den »Grace«-Satelliten und ihrem Nachfolger »Goce« verdanken Forscher genaue Karten der Erdanziehungskraft.

Die ermittelten Veränderungen der Schwerkraft seit 2003 passten gut zur Wanderung des Nordpols, schreiben die Forscher. Die Übereinstimmung sei »ganz erstaunlich«, sagt Bernhard Steinberger vom Helmholtz-Zentrum Potsdam. »Es ist nichts, wovor man sich fürchten muss«, ergänzt Jianli Chen von der University of Texas in Austin, USA. Seine Messungen haben den Taumel der Drehachse aufgrund von Eisschmelze bestätigt. Die Erdpole wandern auf einer nahezu kreisförmigen Bahn mit einem Durchmesser von etwa 17 Metern. »Diese Effekte sind also wesentlich größer«, sagt Florian Seitz, Geodät an der Technischen Universität München. Doch die Wirkung der Eisschmelze bestimmt offenbar die Hauptrichtung der Polwanderung: Kreisend taumelt die Drehachse gen Osten.

Andere Effekte könnten die Erde aber weitaus stärker ins Wanken bringen. Im Innern der Erde bewegen sich gewaltige Blasen geschmolzenen Gesteins – allerdings so zähflüssig, dass ihre Wirkung sich erst nach Jahrtausenden zeigt. Unter Afrika und unter dem Pazifik zeigte die Durchleuchtung der Erde mittels Erdbebenwellen zwei solcher Blasen. Im Lauf der Jahrmillionen haben sie sich in der Nähe des Äquators eingependelt. Doch vor Urzeiten brachten sie den Planeten anscheinend extrem aus der Balance. Zweimal in den vergangenen 100 Millionen Jahren sei die Erde so stark gewankt, dass Kontinente in neuen Klimazonen lagen, zeigen Simulationen von Bernhard Steinberger. Die Erde kippte damals gegenüber ihren Drehpolen – Experten sprechen von echter Polwanderung. Vor 320 Millionen Jahren sei der Planet um 18 Grad verrutscht. Deutschland würde nach einem solchen Ereignis auf der Höhe der Sahara liegen. Vor 550 Millionen Jahren, just als höheres Leben entstand, scheint der Planet ebenfalls gekippt zu sein. Nordamerika etwa schob sich damals offenbar tief aus dem Süden auf den Äquator.

Was aber hat es auf sich mit den Riesenblasen – woraus bestehen sie, woher kommen sie? Das nächste Kapitel kommt den Ungetümen auf die Spur: Anscheinend spülen sie urzeitlichen Erdboden aus dem Erdinneren zurück nach oben.

32

Riesenblasen unter der Erde

Zwei riesige Blasen teils geschmolzenen Gesteins unter Afrika sowie unter dem Pazifik sorgen für Unruhe: Jeweils hundertmal größer als der Mount Everest wabern sie seit Urzeiten im Bauch der Erde. Zweimal sollen sie aus dem Gleichgewicht geraten sein, sodass der gesamte Planet gekippt ist – Kontinente lagen danach in anderen Klimazonen.

Der Gesteinsbrei hat auch auf der Erdoberfläche Spuren hinterlassen. Er speist gewaltige Magmaschlote, deren Explosionen zu den größten Vulkanausbrüchen aller Zeiten gehören. Die Eruptionen hinterließen beispielsweise vor 66 Millionen Jahren in Indien Lavaablagerungen auf einer Fläche, so groß wie Alaska – teilweise zwei Kilometer dick.

Die beiden Riesenblasen sind weiter in Bewegung. Wissenschaftler hegen einen Verdacht: Sind die Hitzebeulen Teil einer planetaren Recycling-Maschine? Gelangt in ihnen vor Urzeiten abgesunkene Erdkruste, auf der womöglich Dinosaurier spazierten, wieder nach oben?

Die Blasen – so viel scheint klar – sind aus Gestein, das an der Grenze zum Erdkern so stark erhitzt wird, dass es teilweise schmilzt. An ihrem Rand steigen Hitzesäulen in die Nähe der Erdoberfläche – wie Blasen in einem Kochtopf.

Mit Erdbebenwellen haben Geophysiker die Erde regelrecht durchleuchtet – seismische Tomogramme machen das

Erdinnere sichtbar wie Ultraschallbilder das Kind im Bauch einer Schwangeren: Die Wellen durchlaufen den Planeten, sie verändern ihre Geschwindigkeit – je nachdem, welches Material sie passieren. Auf dem gesamten Weg durch den Erdmantel beschleunigen die Bebenwellen. In den Riesenblasen aber bremsen sie – ein deutliches Zeichen dafür, dass die Blasen extrem heiß sein müssen: Heiße, teils geschmolzene Substanz leitet die Wellen weniger gut.

Forscher um Edward Garnero von der Arizona State University listen eine ganze Reihe von Messungen auf, die Auskunft geben über die mysteriösen Hitzebeulen. Die wichtigste Erkenntnis: Die Blasen sind nicht nur heißer als die Umgebung, sie bestehen auch aus besonderem Material. Vulkane etwa, die sich aus den Blasen zu speisen scheinen, spucken eigenartige Lava.

Die Beweise für die chemische Besonderheit der Blasen seien »schon recht stark«, sagt Bernhard Steinberger vom Helmholtz-Zentrum Potsdam. Garnero und seine Kollegen vermuten, dass Teile abgesunkener Erdplatten am Rand der Blasen wieder nach oben gelangen wie durch einen Kaminschlot. Messungen zeigen, dass in den Blasen teilweise Material mit weit höherer Dichte steckt als im übrigen Erdmantel – es wäre also schwerer. Garnero zufolge ist das ein Hinweis darauf, dass sich die Blasen Relikte von Urzeitboden einverleibt haben.

Erdbebendaten stützen die These: Bei Erdbeben rasen nicht nur Wellen durch den Untergrund, sondern der ganze Planet vibriert wie eine Glocke. Diese sogenannten Eigenschwingungen verraten die Dichte des Erdinneren: Je langsamer sie schwingen, desto dichter ist das Material, das sie queren, desto schwerer ist es also. Es sei plausibel, anzunehmen, dass Teile alten Meeresbodens in den Hitzesäulen am Rand der Blasen mit nach oben gerissen würden, bestätigt Steinberger, der seit Langem das Erdinnere erforscht. Tatsächlich meinen Geophysiker an der Grenze zum Erdkern eine Art Friedhof abgesunkener Erdplatten entdeckt zu haben.

Dort, in 2900 Kilometer Tiefe, etwa auf halbem Weg zum Mittelpunkt des Planeten, haben sie eine abwechslungsreiche Landschaft entdeckt: Spukhafte Schlieren driften wie Wolken über Hügel und Berge in einem Gesteinsbrei, der heiß ist wie die Sonne. An der Kern-Mantel-Grenze sammelt sich anscheinend der Bodensatz der Erde: Platten, die einst als Meeresboden an der Oberfläche lagen, sinken hinab und sammeln sich in rund 2800 Kilometer Tiefe, glauben Wissenschaftler. Auf Bildern des Erdinneren zeichnen sich dort Blöcke von 500 Kilometern Breite und mehreren Tausend Kilometern Länge ab. Erdbebenwellen offenbaren die Blöcke als schlierenhafte Strukturen in der Tiefe.

Laborexperimente zeigen, dass es sich um alten Ozeanboden handeln könnte: Geophysiker setzten Basalt, das typische Gestein aus Meeresboden-Erdplatten, im Labor Bedingungen aus, wie sie an der Kern-Mantel-Grenze zu erwarten sind: Eine Spezialpresse quetschte das Gestein unter der Last von rund 1300 Tonnen bei bis zu 4000 Grad. Anschließend durchleuchteten die Forscher das Gestein mittels seismischer Tomografie. Das Ergebnis beeindruckt: Tatsächlich erzeugten Druckwellen, die den malträtierten Fels durchliefen, Muster wie auf Bildern vom Erdinneren, berichten Wissenschaftler der Universität Blaise Pascal im französischen Clermont-Ferrand II – ein Hinweis darauf, dass an der Kern-Mantel-Grenze tatsächlich alte Erdplatten liegen. Mit Vulkanausbrüchen könnten die Reste des Urzeitbodens wieder an die Oberfläche gelangen. In Gasen, die aus dem Erdmantel steigen, meinen Geoforscher ein wichtiges Indiz für den planetaren Kreislauf des Gesteins gefunden zu haben: Das Verhältnis zweier Varianten des Edelgases Xenon entsprach exakt dem von Meerwasser. Offenbar, so glauben die Forscher, steigt der Dunst des Urzeitwassers wieder aus der Erde.

Eine überraschende Folge der unterirdischen Blasen zeigt sich am Meeresboden – er wird in Wallung versetzt. Wie eine Welle schwingt er auf und ab. Von diesem Jojo-Effekt handelt das nächste Kapitel.

33

Erdboden-Jojo

Federkraft wäre wohl das Letzte, was man der felsigen Oberfläche zutrauen würde. Über längere Zeiträume gesehen aber
schwingt der harte Boden tatsächlich. »Er hüpft geradezu auf
und ab wie ein Jojo«, sagt Mark Hoggard von der University of
Cambridge in Großbritannien. Hoggard und seine Kollegen
haben Tiefenmessungen des Meeresbodens an 2120 Stellen ausgewertet. Dabei offenbarte sich den Wissenschaftlern eine überraschende Welligkeit: Der Grund hebt sich einen Kilometer
nach oben und unten. Er wirkt wie Meerwasser im Sturm – nur
dass die Wellen des Meeresbodens quasi erstarrt sind. Über
lange Zeiträume aber bewegen sie sich. Die Bodenwellen verraten eine Kraft im Untergrund: Im Bauch der Erde wälzen sich
riesige Ströme zähflüssigen Gesteins.

Wie Brei in einem Topf auf der Herdplatte werden sie
erwärmt von der Hitze des Erdkerns. Der Gesteinsbrei in der
Erde quillt auf und nieder – er braucht allerdings Jahrmillionen
für seinen Weg vom Erdinneren in die Nähe der Oberfläche.
Durchbrechen die Magmablasen den Untergrund, wachsen Vulkane. Das unterirdische Blubbern versetzt den Meeresboden in
Wallung: Um bis zu 0,3 Millimeter pro Jahr, also um 30 Zentimeter in 1000 Jahren, könne er sich auf und ab wellen, berichten
die Forscher um Mark Hoggard. Die Hebungen und Senkun-
gen des Grunds verändern auch die Höhe des Meeresspiegels:

»Verglichen mit dem befürchteten Meeresspiegelanstieg aufgrund des Klimawandels ist der Effekt natürlich gering, aber ganz vernachlässigen kann man ihn nicht«, sagt Bernhard Steinberger vom Helmholtz-Zentrum Potsdam, dessen Berechnungen den Jojo-Effekt der Erde bestätigen. Weil der gesamte Meeresboden in Bewegung ist, verändert sich auch die Lage der im Boden liegenden Ölvorräte. Bei der Suche nach Öl- und Gasreserven im Meeresgrund müsste also das Schwingen einkalkuliert werden, meinen die Forscher. Schließlich hätten sich die Öllagerstätten im Lauf der Zeit verschoben, sodass Ölsucher einen falschen Verlauf der Reservoire annehmen könnten.

Dass das Erdinnere in Bewegung ist, wussten Forscher bereits aus den Daten von Erdbeben: Bebenwellen verlieren Geschwindigkeit, sobald sie in zähflüssiges Gestein dringen. Aus den Daten ergibt sich eine dreidimensionale Ansicht des Untergrunds. Sie verrät zähflüssige Blasen tief unter der Erde. Zähflüssige Materie ist leichter als feste – sie drängt nach oben, wie ein Ballon, der unter Wasser gedrückt wurde. Die Blasen dürften demnach in Bewegung sein – so die Theorie. Die neuen Messungen offenbaren, wie die Blasen die äußere Haut der Erde in Bewegung setzen. Auch das Festland hebt und senkt sich in ähnlicher Weise wie der Meeresgrund. Der Erdboden bewegt sich demnach weitaus hektischer als angenommen: Bislang glaubten Forscher an etwa vier Wellen mit 10 000 Kilometer Länge, die den Planeten umfassen. Jetzt aber zeigt sich: Der Boden hebt und senkt sich mit Wellenlängen von nur etwa 1000 Kilometern – ein geradezu zackiges Auf und Ab.

Auch in den Anden bewegt sich der Boden, allerdings erheblich schneller. Das nächste Kapitel erzählt Dramatisches: Der Berg Uturuncu schwillt rapide, offenbar steigen große Mengen Magma auf – Vorhang auf für den Zombie-Vulkan.

34

Zombie-Vulkan

Kein Zweifel, der Berg Uturuncu in den Anden Boliviens bietet Grund zum Gruseln. Das Dach des Hochgebirges hebt sich auf einer Fläche, zehnmal so groß wie der Bodensee. Was geht da vor im Untergrund? Strömen gigantische Mengen Magma an die Oberfläche? Ist der Uturuncu also ein erwachender Supervulkan, wie Forscher vermuten? Allerdings könnte es sich auch um einen Vulkan handeln, der zwar nicht ausbricht, aber dennoch nicht tot ist – sondern unheimliche Lebenszeichen von sich gibt. Dann wäre der Andenberg ein Zombie-Vulkan. Wissenschaftler fürchten nicht nur den Uturuncu, sondern auch den schillernden Begriff.

»Wissenschaftlich brauchen wir die Zombie-Vulkan-Option nicht«, schreiben drei Geoforscher in einem Pamphlet. Für unruhige Vulkane ohne Eruption gebe es schließlich bereits die geologische Umschreibung »quiescent, but active« (»untätig, aber aktiv«). Doch kann der sperrige Terminus gegen »Zombie-Vulkan« bestehen? Die wissenschaftliche Literatur ist voll von bunten Metaphern, die zunächst abgelehnt wurden. Gemein ist den Begriffen, dass sie einprägsam sind, aber wenig präzise. Mit Ozeanförderbändern beschreiben Meereskundler das eigentlich chaotische Strömen der Meere. Selbst die bei Gelehrten ungeliebte Bezeichnung »Gottesteilchen« für das berühmte Higgs-Teilchen wurde von einem Physik-Nobelpreisträger geprägt. Auch der Begriff »Supervulkan« ist mittlerweile als wissenschaftlicher Fachbegriff etabliert, nachdem er zuvor von Medien verwendet wurde. Als Supervulkane gelten laut Fachbuch Vulkane, die mit einem Mal mehr als tausendmal so viel Material ausspucken können wie der Mount St. Helens 1980 in den USA bei einer der größten Eruptionen des 20. Jahrhunderts. Macht nun auch der Zombie-Vulkan Karriere?

Ist der Uturuncu überhaupt ein Untoter? Den Vulkan hatte noch vor Kurzem niemand auf der Rechnung, er schien erloschen. Das Alter seines Lavagesteins verrät, dass sein letzter Ausbruch fast 300 000 Jahre zurückliegt. »Die lange Zeitspanne bedeutet aber keineswegs, dass der Vulkan tot ist«, meint Matt Pritchard, Geophysiker an der Cornell University in Ithaca, New York. Auch andere Vulkane in den Anden hätten Hunderttausende Jahre zwischen ihren Ausbrüchen pausiert.

Verwunderlich sei gleichwohl, dass sich der Uturuncu so rapide hebe – nach so vielen Jahren der Ruhe. Der Berg wachse um einen bis zwei Zentimeter pro Jahr, zeigen Satellitenmessungen. In der Tiefe sammeln sich offenbar große Mengen Magma: Erdbebenwellen verlangsamen sich im Boden – ein deutliches Zeichen, dass das Gestein dort teilweise flüssig ist. Wie ein riesiger Ballon schwelle die Magmablase, meinen Geoforscher – der Druck steigt. Die Daten ließen darauf schließen, dass jede Sekunde etwa tausend Liter Magma in ein Reservoir etwa 15 bis 20 Kilometer unter dem Vulkan aufstiegen, hat der Geoforscher Noah Finnegan von der University of California in Santa Cruz berechnet. Täglich schütteln leichte Beben den Berg. Das Zittern kündet vermutlich von aufsteigendem Magma, das sich durch den felsigen Untergrund zwängt und Gestein bersten lässt. Auch andere Supervulkane wie die Phlegräischen Felder bei Neapel und der Yellowstone-Park in den USA sind in Bewegung, ohne dass es in letzter Zeit Ausbrüche gegeben hätte. Doch einen bedeutenden Unterschied gibt es: Die Größe der anschwellenden, nahezu kreisrunden Beule des Uturuncu verblüfft die Forscher.

Bedenklich erscheint die geologische Geschichte der Andenregion. In den vergangenen Jahrmillionen haben sich dort mehrere Supereruptionen ereignet. Braut sich unter dem Uturuncu die nächste zusammen? Die Folgen wären weltweit dramatisch: Asche- und Säurewolken von Supervulkanen lassen das globale Klima über Jahre abkühlen – das lassen schon die schieren Mengen des Materials vermuten, die Geologen bei Supervulkan-Ausbrüchen nachgewiesen haben. Der letzte liegt knapp 30 000 Jahre zurück; heutzutage käme es wahrscheinlich zu verheerenden Hungersnöten. »Was passieren wird, können wir nicht vorhersagen«, sagt Matthew Pritchard von der Cornell University in Ithaca, New York.

Unmittelbar drohe vermutlich keine Gefahr am Uturuncu. Bislang haben Geologen keine Hinweise dafür entdeckt, dass die Bewegung des Vulkans schon länger andauert als 20 Jahre. Für eine Supereruption müsse sich wohl weitaus mehr Magma anstauen, meinen die Fachleute. Beruhigend sei, schreiben Pritchard und seine Kollegen, dass die Häufigkeit von Supervulkan-Ausbrüchen in den Anden stetig gesunken sei im Lauf der geologischen Geschichte. Gut möglich wäre folglich, dass der Riese nur zuckt, ohne zum Leben zu erwachen. Wie ein Zombie.

Auch der Ätna in Italien bewegt sich – er speit Lava, atmet regelrecht und pocht geradezu wie ein Menschenherz. Das nächste Kapitel ergründet den dramatischen Wandel des sizilianischen Vulkans.

35

Explosive Klonkrater

Als die Vulkanologen im Überwachungszentrum des Ätna am Vormittag des 17. Mai 2016 auf ihren Monitor blickten, ahnten sie, dass es ernst würde. Die Zickzacklinie, die Erdbeben im Berg auf der süditalienischen Insel Sizilien aufzeichnet, nahm immer wieder die gefürchtete Form an: Auf einen großen Ausschlag der Linie folgten viele kurze, die immer kleiner wurden. Kein Zweifel: Es handelte sich um den vulkanischen Tremor, ein verräterisches Wummern im Untergrund, erzeugt von Magma, das sich seinen Weg durchs Gestein bahnt. Ähnlich wie Wasser eine Leitung vibrieren lässt, erzeugt strömendes Magma gleichmäßige Erdbeben. Und tatsächlich: Am Abend des 17. Mai sprengte sich das Magma aus dem Untergrund, der Ätna explodierte mit Fontänen aus Gesteinsasche und Lava. Tagelang schickt der 3300 Meter hohe Vulkan alle paar Stunden neue Ausbrüche gen Himmel.

Forscher deuten die Eruptionen als neuerliche Zeichen für einen unheimlichen Wandel des Ätna, der immer wieder als »Vulcano buono«, der Gutmütige, dargestellt wurde – und das aus gutem Grund: Explosive Ausbrüche waren selten. Gas konnte leicht aus dem Berg entweichen, sodass Lava meist behutsam aus den Flanken quoll. Selbst Forschern erschien der Ätna fast wie ein liebes Lebewesen: Radarmessungen von Satelliten offenbarten, dass der Vulkan regelrecht atmet – sein

Dach bewegt sich rhythmisch auf und nieder. Vor Ausbrüchen schwillt der Vulkan um mehr als zehn Zentimeter. Sind Lava und Asche herausgeschossen, schrumpft er wieder. Das zeigen Satellitenbilder, die Forscher des Jet Propulsion Laboratory in Pasadena, USA, zu einem Film aneinandergereiht haben. Aus den per Satellit gemessenen Höhenunterschieden errechnet das Programm Bewegungen des Bodens. Auch Bebendaten schienen einen gleichbleibenden Rhythmus des Ätna zu belegen: Der Vulkan vibrierte mit einer Frequenz gleich der des menschlichen Herzens von etwa 70 Schlägen pro Minute, hatten Forscher bereits in den Siebzigerjahren entdeckt.

Doch mit der Gutmütigkeit ist es nun vorbei. Erste Anzeichen für die Wandlung des Ätna fanden Geologen vor 15 Jahren: Ein chemischer »Fingerabdruck« verriet, dass die Lava des Vulkans auf einmal mehr Cäsium, Kalium, Rubidium und Barium enthielt – Spurenelemente, die eher in explosiven Vulkanen gefunden werden. »Wir erleben nun die explosivste Phase der letzten 2000 Jahre«, sagt Boris Behncke vom Istituto Nazionale di Geofisica e Vulcanologia, dem Überwachungszentrum des Ätna in Catania. Die Ausbrüche im Dezember 2015, als Flugzeuge umgeleitet werden mussten, gehörten zu den heftigsten seither. Gegenwärtig deute nichts darauf hin, dass der Ätna zu seiner gutmütigen Art zurückfinden könnte, sagt Behncke, der den Vulkan seit Jahrzehnten studiert. »Das bedeutet für die Anwohner, dass sie immer wieder mit sehr heftigem Gesteinsregen rechnen müssen«, warnt der Vulkanologe. »Der Aufstieg der explosiven Gesteinsschmelze verläuft effizient wie seit Jahrhunderten nicht«, staunt Behncke. Weil das Magma so schnell hochströme, verliere es auf dem Weg weniger Gas – der am Gipfel ankommende Gesteinsbrei sei deshalb explosiver. Wasser etwa vergrößert sein Volumen schlagartig um das 1700-Fache, sobald es aus dem Magma weichen kann und verdampft. »Ein höchst explosiver Vorgang«, sagt Behncke. Ein bis zwei

Millionen Tonnen Wasserdampf stoße der Ätna täglich aus – extreme Mengen.

Aber warum gelangt so viel Magma so schnell nach oben? Behncke glaubt die Ursache gefunden zu haben: Seine vielen Schlote machen den Ätna zur Ausbruchsmaschine, meint er. Alle paar Jahrzehnte findet das Magma einen neuen Weg nach oben, ein neuer Schlot entsteht – und damit ein neuer Krater, aus dem Lava und Asche schießen. Der Ätna klont oder kopiert also sozusagen Krater und Schlote, sodass Magma leichter ausbrechen kann; verstopften Altschlote, weicht das Magma einfach aus. Es begann 1911, als neben dem Zentralkrater der Nordostkrater entstand. 1945 öffnete sich der Voragine (zu Deutsch: »Riesenmaul«), 1968 der Bocca Nuova und 1971 der Südostkrater. »Der Südostkrater aber ging 2007 in den Ruhestand«, sagt Behncke. Seither brodelt es im Neuen Südostkrater. Offenbar habe sich der Schlot des Südostkraters nach Osten verbogen, meint Behncke.

Um den neuen Krater herum ist bereits ein 300 Meter hoher Kegel aus erstarrter Lava und Asche gewachsen – »das ging so schnell wie bei keinem anderen Vulkan«, sagt Behncke. Der Kegel habe mit 3300 Metern nun aber eine kritische Höhe erreicht. Die Gesteinskegel auf dem Ätna seien nie höher gewachsen, bei 3300 Metern bekämen sie »statische Probleme« – der Druck im Vulkan reiche offenbar nicht aus, um das Magma höher zu treiben. Folglich stehe der Vulkan erneut vor einem Wandel, meint Behncke. Das Magma suche sich einen neuen Weg, sobald es unter einem Kegel feststecke.

Droht ein großer Ausbruch? Akute Anzeichen wie beispielsweise verstärkte Beben oder extreme Bodenhebung, die eine kilometerhohe Eruption meist ankündigen, gab es bis Anfang 2017 nicht. Die Aktivität des Ätna konzentriere sich derzeit auf seinen Gipfel, sagt Behncke. Alles Magma scheine schnell aufzusteigen, sodass sich kein gefährlicher Druck im Berg aufstaue.

Die Explosionen am Gipfel sind also ein gutes Zeichen für die Sizilianer, vorerst – die Wandlung des Ätna geht weiter.

Gefährlicher als der Ätna sind Supervulkane, ihnen können auf einen Schlag Millionen Menschen zum Opfer fallen. Messungen unter dem Toba in Indonesien und unter Süditalien offenbaren im nächsten Kapitel riesige Mengen Magma. Das Rezept für eine Mega-Eruption braut sich zusammen.

36

Vier Zutaten für die Supereruption

Den italienischen Vulkan Vesuv südöstlich von Neapel kennt jeder – weniger bekannt ist, dass in der Nähe ein noch gefährlicherer Gigant die Metropolregion bedroht: der Supervulkan Phlegräische Felder (»Brennende Felder«).

Kein Vulkankegel verrät, dass westlich von Neapel riesige Mengen Magma im Untergrund brodeln. Beim letzten großen Ausbruch vor 39 000 Jahren stürzte die Erdkruste ein, nachdem sich die riesige Magmakammer entleert hatte. Zurück blieb ein zwölf Kilometer breiter Krater, die sogenannte Caldera. Angesichts von eineinhalb Millionen Menschen in der näheren Umgebung handele es sich um »das gefährlichste Vulkangebiet der Welt«, erklären italienische Geologen. Eine große Eruption könne »weite Teile Europas« unter einer dicken Ascheschicht begraben, sagt Agust Gudmundsson von der University of London. Ein erneuter Ausbruch wie vor 39 000 Jahren hätte unvorstellbare Folgen: Neapel wäre verwüstet, Tsunamis würden übers Mittelmeer rasen, Europa würde von Asche überzogen, ein grauer Schleier am Himmel würde die Sonne verdunkeln und das Weltklima auf Jahre hinaus kühlen.

Solch ein Inferno ist selten, häufiger sind kleine Ausbrüche der Phlegräischen Felder, die Anwohnern aber ebenfalls gefährlich werden können. Zuletzt spuckte der Vulkan 1538 Lava und

Asche; 24 Menschen sollen damals gestorben sein. Wann ist es wieder so weit?

Bereits 2012 hat der italienische Zivilschutz die Warnstufe erhöht – auf »Wachsamkeit«. Neue Daten geben Anlass zur Sorge. Die Phlegräischen Felder sind eine gespenstische Landschaft. Aus gelbbraunen Hügeln wehen schweflige Dämpfe, die nach faulen Eiern riechen. Mancherorts schießen Fontänen heißen Wassers aus der Erde. In letzter Zeit hat sich jedoch immer mehr Kohlenmonoxid in die heißen Quellen gemischt, sein Anteil hat sich vervierfacht – ein Alarmzeichen: Das Gas könnte ein Hinweis darauf sein, dass Magma aufsteigt, berichten Forscher vom Istituto Nazionale di Geofisica e Vulcanologia (INGV) in Italien. Außerdem seien die Wasserdampffontänen heißer geworden, ihre Temperatur sei von 230 Grad in den Neunzigerjahren auf mehr als 300 Grad gestiegen – was ebenfalls einen Lavaausbruch ankündigen könnte, meinen die Forscher. Dafür spreche auch zunehmende Unruhe im Untergrund: Der Boden hebt sich, und er zittert vermehrt.

Mittlerweile sei genügend Magma in den Untergrund gedrungen, sodass kleinere Eruptionen drohten, berichteten Forscher bereits 2012. Ob wirklich ein Ausbruch bevorsteht, lässt sich dennoch nicht eindeutig feststellen. Ein Auf und Ab ist normal in der Gegend. Die Stadt Pozzuoli liegt im Brennpunkt der Bodenbewegungen. Auf ihrem Marktplatz zeugen Muschelspuren an alten römischen Säulen davon, dass sich die Stadt einst so weit gesenkt hatte, dass sie vom Meer geflutet worden war. Später hob sich der Boden wieder – so als ob ein Riese im Untergrund atmen würde. Anfang der Siebziger- und Mitte der Achtzigerjahre hob sich der Boden gar um mehr als drei Meter, das Zittern der Erde veranlasste die Regierung, Bewohner für Monate umzusiedeln. Indes: Ein Ausbruch blieb aus. Anhand der Eruptionsgeschichte der Phlegräischen Felder haben Forscher kalkuliert, wann es passieren könnte.

Eine Forschergruppe um Andrea Bevilacqua vom INGV hat sozusagen den Lebensrhythmus des Supervulkans untersucht und dabei drei Phasen erhöhter Aktivität in den vergangenen 15 000 Jahren festgestellt.

In allen drei Phasen häuften sich Ausbrüche zu bestimmten Zeiten, die Forscher sprechen von Clustern. Vor allem im Osten der Caldera nahe Neapel gab es Eruptionen. Unter der Voraussetzung, dass 1538 eine neue Ausbruchsphase begonnen habe, sei eine nächste Eruption am ehesten in den kommenden hundert Jahren zu erwarten, berichten die Wissenschaftler. Frühestens könnte der Vulkan in vier Jahren ausbrechen, aber auch erst in 500 Jahren; genauere Prognosen erlaube auch ihr Modell nicht. Die Anwohner müssen also weiterhin auf örtliche Signale achten. Erst wenn sich Erdbeben, Gasausstoß und Bodenhebung deutlich verstärken, könnte es losgehen.

Auch andernorts wären Megaeruptionen möglich. Etwa zwei Dutzend Supervulkane schlummern unter den Kontinenten. Der heftigste Vulkanausbruch der vergangenen zwei Millionen Jahre verschlimmerte vor 74 000 Jahren die damals herrschende Eiszeit – er bescherte der noch jungen Menschheit ihre wohl schwersten Wochen. Die Explosion des Supervulkans Toba hüllte die Erde danach in jahrelange Dunkelheit und brachte *Homo sapiens* womöglich an den Rand des Aussterbens. Der Vulkan auf der indonesischen Insel Sumatra spie Schätzungen zufolge genügend Material, um damit den Mount Everest zweimal aufschütten zu können. Asche und Säure ließen Pflanzen verdorren, Tiere gingen zugrunde.

Als Supervulkane werden Vulkane bezeichnet, die mit einer einzigen Eruption mehr als tausendmal so viel Material ausspucken können wie 1980 der Mount St. Helens in den USA bei der drittgrößten Eruption des 20. Jahrhunderts. Der letzte Ausbruch eines Supervulkans liegt bereits rund 25 000 Jahre zurück, damals explodierte der Taupo in Neuseeland. Fände ein Mega-Ausbruch heute statt, müsste die Menschheit Hungersnöte, Flüchtlingsströme und Wirtschaftskrisen verkraften. Die Möglichkeit, dass es in diesem Jahrhundert wieder passiert, beziffern Forscher der Geological Society of London in einem Gutachten für die britische Regierung mit 1 zu 6.

Messungen unter dem Toba zeigen, warum die Ausbrüche so gigantisch ausfallen. Mittels Erdbebenwellen haben Forscher um Iwan Koulakow von der Staatlichen Universität Nowosibirsk in Russland den Untergrund des indonesischen Supervulkans durchleuchtet – und dabei gruselige Entdeckungen gemacht. Erdbebenwellen durchlaufen die Erde, dabei verändern sie ihre Geschwindigkeit – je nachdem, welches Material sie passieren. Sie erlauben Einblick in die Tiefe und enthüllen nun das Rezept für einen Supervulkan-Ausbruch:

- Unterhalb von hundert Kilometern liegt die erste Zutat: eine abtauchende Erdplatte. Vor der Küste Sumatras schieben sich seit Jahrmillionen Erdplatten übereinander – mit einem halben Zentimeter im Monat taucht der Grund des Indischen Ozeans unter Indonesien. In mehr als hundert Kilometer Tiefe wird der Druck des aufliegenden Gesteins so groß, dass die abtauchende Meeresbodenplatte regelrecht ausgequetscht wird – sie verliert ihr Wasser. Es steigt auf und senkt den Schmelzpunkt des darüberliegenden Gesteins, das teils zu Magma wird – ähnlich wie Streusalz den Schmelzpunkt von Eis senkt, sodass es taut.
- In etwa 30 bis 50 Kilometer Tiefe findet sich die zweite Zutat: Magma. Nur wenn viel Gestein schmilzt, kommt genügend Magma für eine Supereruption zusammen. Unter dem Toba haben die Forscher einen gigantischen Magmavorrat entdeckt, er zeichnet sich auf den Bildern der Erdbebendaten als eine Art riesiger Schatten ab – die Erdbebenwellen verlangsamen sich im Untergrund: Es handele sich dabei um

so viel Magma, dass es einen Würfel mit Kantenlängen von knapp 37 Kilometern füllen würde. Genug Material für einen Weltuntergang.

- In etwa 30 Kilometer Tiefe liegt die dritte Zutat: ein Gesteinsdeckel. Die neuen Erdbebendaten zeigen, dass 30 Kilometer unter dem Toba eine Dutzende Kilometer dicke Gesteinsplatte – die Erdkruste – den Aufstieg des Magmas blockiert. Dadurch sammeln sich darunter jene gigantischen Mengen von Gesteinsbrei in einem einzigen riesigen Reservoir, anstatt sich zu verteilen. Wird der Druck dieses Reservoirs zu groß, drängt der Brei durch den Gesteinsdeckel.

- Im Magma findet sich die vierte Zutat: Gas. Erst große Mengen Gas sorgen dafür, dass der Druck so weit steigen kann, dass die magmahaltige Masse durch den Gesteinsdeckel bricht. Je länger das Magma verschlossen unter der Erde lagert, desto mehr Gas sammelt sich darin. Der Gesteinsdeckel macht die Mischung also noch explosiver.

Die Entdeckung offenbare, warum Hunderttausende Jahre zwischen den Supereruptionen eines Vulkans lägen, meinen die Forscher um Koulakow: Der unterirdische Gesteinsdeckel sorge dafür, dass das Magma nur in größeren Schüben aufsteigen könne. Das aber könnte recht schnell gehen. Das Magma sammelt sich nicht stetig, sondern strömt in Schüben nach oben: Binnen Jahrzehnten sammelte sich dann nahe der Erdoberfläche eines Supervulkans genügend Magma für eine Mega-Eruption. Dort bildet der Gesteinsbrei gigantische Seen aus teils geschmolzenem Gestein, die auf Erdbebenbildern aussehen wie Riesenpfannkuchen. Vor Supereruptionen, meinen die Gelehrten, erstreckten sich solche Magmapfannkuchen bis nahe der Erdoberfläche. Eine Supereruption würde sich mit Erdbeben, Bodenschwellung und Gas ankündigen, das Vulkane bereits vor einer Eruption verstärkt ausstoßen.

Es könnte allerdings nur ein Jahr vergehen zwischen den ersten Warnzeichen und dem Mega-Ausbruch eines Supervulkans, berichten Guilherme Gualda von der Vanderbilt University in Nashville und Stephen Sutton von der University of Chicago. Sie haben die Long Valley Caldera erforscht, einen Krater in Kalifornien, in den München und Frankfurt am Main zusammen hineinpassen würden. Er entstand bei einer Supereruption vor 760 000 Jahren. Quarzminerale von dem Ausbruch zeigten typische Veränderungen an ihren Rändern, wie sie entstehen, wenn Vulkane vor einer Eruption allmählich beginnen, Druck abzulassen. Gualda und Sutton konnten bestimmen, wie lange die Veränderungen an den Quarzen dauerten. Der Gehalt von Titan gibt wie eine Uhr exakt Auskunft: Mehr als zwei Drittel der Minerale hätten sich weniger als ein Jahr lang gewandelt – folglich sei weniger als ein Jahr vergangen vom ersten Gasablassen des Vulkans bis zur Supereruption.

So weit aber sei es unterm Toba noch nicht, sagt Koulakow. Der indonesische Supervulkan stehe derzeit nicht vor einer großen Eruption. Andere Supervulkane aber sind weit weniger gut untersucht, vielleicht haben sie böse Überraschungen auf Lager.

Manche Vulkane hingegen zeigen ihre Feurigkeit ganz offen, ihre Schlote sind Hitzepole der Erde. Im nächsten Kapitel stelle ich die heißesten Orte des Planeten vor – ihre Wärmeproduktion übertrifft die von Kraftwerken.

37

Heiße Wunden der Erde

Bei Vulkankatastrophen, das ist wenig überraschend, drohen in großen Siedlungen die meisten Opfer. Die gefährlichsten Vulkane liegen in Indonesien, in der Karibik, in Südamerika, warnen die Vereinten Nationen in ihrem jüngsten Risiko-Index. Eine neue Rangliste nimmt nicht die gefährlichsten Vulkane ins Visier, sie zeigt erstmals die aktivsten – es sind die heißesten Orte der Erde. Gemeinsam ist den heißen Flecken, dass sie vergleichsweise ungefährlich sind. Ihre Hitze verdanken sie Unmengen Lava, die meist gemächlich aus dem Boden quellen, aus heißen Wunden der Erde. Die Masse sammelt sich in Kratern, kriecht als dampfender Brei zu Tal. Gefährliche explosive Vulkane hingegen speisen sich aus zäherer Lava, die den Schlot verstopft. Wird der Druck zu groß, setzen sie ihre Energie bei einem großen Knall frei, der flüssiges Gestein und Asche weiträumig verteilt. Die Hitze wird auf einen Schlag großflächig freigesetzt.

Jene Berge fallen den NASA-Satelliten »Aqua« und »Terra«, die beim Überfliegen der Erde Wärmestrahlung des Bodens registrieren, mithin kaum auf. Anders die dampfenden Lavaberge: Forscher um Robert Wright vom Hawaii Institute of Geophysics and Planetology haben die Daten von »Aqua« und »Terra« aus den Jahren von 2000 bis 2014 ausgewertet. Im Fachmagazin *Geophysical Research Letters* veröffentlichten sie die

Rangliste mit den Hitzeflecken der Erde. Fünf Vulkane stechen heraus:

- Am meisten Energie strahlt der Kilauea auf Hawaii ab. Seit Ewigkeiten kriecht die tausend Grad heiße Lava die Hänge hinab. Der Großteil planiert Büsche, Wiesen und Wälder oder strömt ins Meer. Selten kriecht der Gesteinsbrei durch Siedlungen, ohnehin ist er langsamer als ein Fußgänger – Menschen können problemlos fliehen. Ihre Häuser jedoch werden umgerissen, sie verbrennen. Hundert Billiarden Joule in 15 Jahren habe der Berg abgestrahlt, berichten die Forscher – das entspricht der dreifachen Energie, die ein großes Atomkraftwerk pro Jahr erzeugt. Die abgestrahlte Wärme des Kilauea würde ausreichen, um sämtliche Privathaushalte auf Hawaii mit Energie zu versorgen – jedenfalls theoretisch. Praktisch lässt sich bislang nur ein Bruchteil der Vulkanenergie nutzen, in Form von Wärme aus unterirdischem Vulkanwasser.
- Fast ebenso heiß ist der ostafrikanische Vulkan Nyiragongo im Kongo, in dessen Krater ein riesiger Lavasee schwappt. Große Mengen Magma strömen aus dem Erdinneren, der See schwillt. Der Nyiragongo ist zwar ebenso nicht explosiv, aber gefährlicher als der Kilauea. Denn die Lava des ostafrikanischen Bergs ist eine Rarität: Sie ist fast so flüssig wie Wasser – wie ein reißender Fluss stürzt sie zu Tal, es gibt kein Entkommen. Glücklicherweise sind die Flanken des Vulkans dünn besiedelt. Gleichwohl sterben immer wieder Menschen in der Hochgeschwindigkeitslava. Auch ein Flughafen liegt in einer Schlucht, in der Lava hinunterstürzen könnte, warnen Geologen.
- Am meisten Hitze bei einem einzigen Ausbruch erzeugte seit Beginn des Jahrtausends der Bárdarbunga in Island: Ein halbes Jahr quoll Lava aus einer kilometerlangen Spalte. Die

letzten drei Monate der Eruption gingen nicht mehr in die Studie ein, ansonsten stünde der Vulkan noch höher als auf Platz 5.

- Die extremste Energieschleuder binnen kurzer Zeit war die Afar-Spalte in der Wüste Äthiopiens, an der unter Lavawallungen und Erdbeben Afrika auseinanderbricht. Mehrere Milliarden Watt erzeugten Ausbrüche an dieser kontinentalen Großbaustelle – die Wärmeleistung übertraf bei Weitem die des größten Solarkraftwerks.
- Einen besonderen Hitzeschub verursachte auch der Ausbruch des Ätna auf der süditalienischen Insel Sizilien im Juli 2001: In 23 Tagen erzeugten Lavadämpfe zweieinhalb Milliarden Watt.

Auch unter Deutschland beobachten Forscher verstärkte vulkanische Aktivität. Unerwartete Erdbeben schütteln eine Region, Gase lassen Tümpel brodeln. Was vor sich geht, ergründen Forscher im nächsten Kapitel.

38

Unheimlicher Atem des Vogtland-Vulkans

Es ließ sich gut leben mit dem Vulkan unter den Füßen im Dreiländereck von Bayern, Sachsen und Böhmen. Schon Johann Wolfgang von Goethe badete in den Thermalquellen von Karlsbad – das blubbernde Wasser verdankt die Gegend einer monströsen Magmablase in großer Tiefe. Ans leichte Zittern des Bodens hatten sich die Anwohner gewöhnt. Alle paar Jahre ließen Erdbebenschwärme das Dreiländereck wochenlang vibrieren. Zuletzt im Herbst 2011, davor im Herbst 2008, im Herbst 2000 und im Winter 1985. Es sind Lebenszeichen des Vulkans: Vom Magma erhitztes Grundwasser steigt auf, zwängt sich durch Gesteinsritzen, bis der Fels ruckelt. Doch die Beben haben sich verändert.

Das stärkste gemessene Beben hatte die Stärke 4,6 auf der Richterskala – ab einem Wert von 5 würde es gefährlich: Schornsteine und einfache Mauern können zusammenbrechen. Doch die Erdbeben-Historie der Region zeige, dass die Stärke 5 nicht übertroffen werde, glaubten Geoforscher. Das Vogtland schien über eine eingebaute Starkbeben-Sicherung zu verfügen. Die Schwarmbeben wirkten als Gefahrensenker für die Region, hofften Experten: Sie entschärften die Spannung im Gestein und somit auch die Bedrohung durch starke Stöße.

Früher kamen die Beben als leichtes Grollen Tausender schwacher Stöße, die nach Tagen ihren Höhepunkt fanden in einem dumpfen Schlag, der zuweilen Putz von den Wänden bröckeln ließ. Im Lauf weiterer Tage oder Wochen erstarb das Zittern. 2014 jedoch passierte Erstaunliches: Ohne vorherigen Trommelwirbel machte die Erde einen Ruck.

Während in den letzten Jahrzehnten stets nur typische Schwarmbeben auftraten, gab es am 24. Mai plötzlich ein relativ starkes Beben der Magnitude 3,5 – als erstes Ereignis. Am 31. Mai folgten außergewöhnlich starke Beben mit Magnituden bis 4,5, wunderten sich Geoforscher. Die Beben waren bis nach Leipzig und weit hinein nach Bayern spürbar. Im April 2015 hatten dann Sensoren das stärkste jemals in der Region Halle/Leipzig registrierte Beben aufgezeichnet. Das Ruckeln der Stärke 3,3 ereignete sich an einer Spalte im Untergrund, die bis ins Dreiländereck reicht – ein Zusammenhang mit dem Vulkan scheine möglich, glaubten Geologen. »Der Wandel der Beben hat uns überrascht«, sagt Tomas Fischer, Erdbebenforscher an der Karls-Universität in Prag. Veränderungen hatten sich zwar angedeutet; die Schwärme waren mit jedem Mal kürzer geworden. Aber 2014 ereignete sich der Hauptschlag erstmals ganz am Anfang. Kann es vielleicht doch heftiger beben als angenommen?, fragen sich die Gelehrten. »Die Ursache des Wandels kennen wir nicht«, sagt Fischer.

Zugleich registrierten Forscher ein verstärktes Atmen des Vulkans: Nach den Beben im Mai 2014 strömte fünfmal mehr Vulkangas aus dem Boden, berichtet Jens Heinicke von der Karls-Universität. Vor allem Kohlendioxid ließ wochenlang Tümpel, sogenannte Mofetten, in Westböhmen regelrecht brodeln. Vermutlich hätten die Beben den Boden aufgerissen und damit den Weg für Gase frei gemacht, meint Fischer. Dass es bebt, liegt wohl vor allem am unentwegten Gasstrom aus der Tiefe, der die Erde unter Spannung setzt. Es quillt gar so viel Helium-3-Gas aus dem Boden wie am Ätna, einem der aktivsten Vulkane der Welt. Das Isotop Helium-3 stammt aus großer

Tiefe – im Gegensatz zu Helium-4, der gängigen Variante des Edelgases. In den vergangenen Jahren hat sich der Anteil von Helium-3 gegenüber Helium-4 deutlich erhöht. Nirgends sonst in Mitteleuropa wurden so große Mengen vulkanischen Heliums gemessen wie im Dreiländereck. Steigt also Magma auf?

»Anzeichen, der Vulkan würde erwachen, haben wir nicht«, betont Fischer. Gleichwohl scheine das Magma in Wallung geraten zu sein: Der verstärkte Aufstieg von Kohlendioxid und Helium-3 weise auf »eine langsame Zunahme magmatischer Aktivität«, meint der Seismologe. Der heiße Gesteinsbrei drängt hinauf bis 30 Kilometer unter den Boden des Dreiländerecks. Darauf deuten Bilder des Untergrunds, die mithilfe von Druckwellen erzeugt werden: Wie Lichtstrahlen werden die Wellen an der Grenze verschiedener Gesteinsschichten gebrochen – ihre Reflexionsmuster bilden die Eingeweide des Planeten ab. Die Messungen zeigen, dass sich in 30 bis 60 Kilometer Tiefe heißes Gestein mit der Konsistenz von Glas staut. Es sind offenbar die Relikte eines Vulkans, der vor rund 300 000 Jahren erloschen ist. Würde der Weg nach oben frei, ergösse sich erneut Lava übers Land. Die Strecke zur Oberfläche ist lang. Doch in Jahrtausenden, mit steigendem Druck aus der Tiefe, könnte der Vogtland-Vulkan erneut explodieren.

Vulkane katapultieren nicht nur Lava und Asche in die Luft, sondern auch Blitze. Als Auslöser mitten im Hitze-Inferno identifizieren Forscher im nächsten Kapitel ausgerechnet Eis.

39

Starkstromfackeln überm Feuerberg

Vulkanexplosionen kann man nicht nur von Weitem sehen, sondern gelegentlich sogar spüren: Die Luft knistert, Haare stellen sich auf – wie bei einem Gewitter. Dass durch die Aschewolken Blitze zucken, hatten bereits die entsetzten Zeugen des Vesuv-Ausbruchs berichtet, der 79 nach Christus Pompeji und Herculaneum zerstörte: »Bedrohliche dunkle Wolken, zerrissen von Blitzen«, sahen sie auf die beiden Städte zurasen, so steht es in Überlieferungen. Messungen am japanischen Vulkan Sakurajima zeigen nun, wie die Vulkangewitter entstehen. Blitze bei Ausbrüchen sind demnach weitaus häufiger als angenommen – Aschewolken verdecken aber die meisten.

Forscher um Harald Edens vom New Mexico Institute of Mining and Technology in den USA haben den Sakurajima überwacht wie einen Intensivpatienten, sodass sie selbst versteckte Blitze entdeckten. Der Sakurajima eignet sich gut für ihre Untersuchungen, weil er häufig ausbricht. Die Wissenschaftler von acht Instituten aus den USA, Japan, Kanada und Deutschland hatten das Umland des gut tausend Meter hohen Vulkans im Süden Japans mit Messgeräten verkabelt. Sie maßen: das elektrische Feld, unhörbaren Schall, Infrarotwellen, Erdbeben – und sie machten Filme von den Ausbrüchen, die sie extrem verlangsamt abspielen konnten. Zuvor hatten sie ähnliche Studien an den Vulkanen Augustine und Redoubt in den USA, am Calbuco in Chile und am Eyjafjallajökull in Island durchgeführt. Ihre Ergebnisse offenbaren: Asche und Eis scheinen das Rezept für Vulkangewitter zu sein.

Drei Phasen erkannten die Forscher: Eine Eruption beginnt meist mit kleinen Blitzen nahe dem Krater, gefolgt von größeren. Später zucken die Starkstromfackeln auch in höher gestiegene Aschewolken. Gerade in dem Moment, in dem Asche mit Wucht in die Luft geschleudert wird, blitze es oft. Die winzigen Gesteinspartikel schießen dann mit hundert Metern pro Sekunde aneinander vorbei – und laden sich dabei anscheinend elektrostatisch auf: Sie reiben aneinander, wobei sich die positiven von den negativen Ladungen trennen. Schwere Partikel werden aufgrund ihrer Masse nicht so hoch katapultiert wie leichte Ascheteilchen, die positive Ladung tragen. Schweben vor allem Teilchen mit positiver Ladung in der Höhe, während in flacheren Gefilden die negativ geladenen sind, entsteht Spannung von Hunderten Millionen Volt. Ab einem gewissen Punkt wird die elektrische Spannung zu groß. Dann löst sie sich mit einem Schlag – es blitzt. Gesteinsasche scheint also ein Auslöser des Starkstroms zu sein.

Manche Blitze aber gaben dennoch Rätsel auf: Sie zuckten, obwohl in der Höhe kaum Asche schwebte. Wie kam es dann zur Entladung? An solchen Orten entdeckten die Forscher in der Höhe Teilchen, die auch für Blitze in normalen Gewittern verantwortlich sind: Eiskristalle. In Gewitterwolken laden sich Eiskristalle mit unterschiedlicher Ladung auf, weil Hagelkörner sich an Eiskristallen reiben, wobei sich positive von negativen Ladungen trennen. Ähnliches kann nach Ansicht der Forscher auch bei Vulkanausbrüchen passieren. Die Eruptionen erzeugten stürmische Aufwinde, in denen sich Eispartikel über der Aschewolke aufladen könnten. Im tausend Grad heißen Inferno eines Vulkanausbruchs sorgen also ausgerechnet Eisstückchen mitunter für den großen Starkstromstoß.

Einen Knall weitaus gefährlicherer Art fürchten südkoreanische Forscher über einem nordkoreanischen Vulkan: Die Atombombentests des Nachbarlands könnten einen der gefährlichsten Vulkane der Welt ausbrechen lassen. Darüber streiten Geoforscher im nächsten Kapitel.

40

Atombomben am Vulkan

Ein Atomtest in Nordkorea, so warnen Wissenschaftler, könnte den benachbarten Vulkan Paektusan ausbrechen lassen. Die Druckwellen der unterirdischen Explosion würden die Magmakammer unter dem Berg erschüttern, das flüssige Gestein könne aus der Erde schießen.

Die südkoreanischen Forscher haben die Änderungen der Spannung in der Erdkruste berechnet, die ein Atomtest in der Umgebung erzeugt. Die Kalkulationen beruhen auf der Erkenntnis, dass Erdbeben Fernwirkung zeitigen können: Manche haben Geysire sprudeln lassen, andere gar Vulkaneruptionen ausgelöst. Ebenso versetzt der unterirdische Test einer starken Atombombe den Boden Hunderte Kilometer weit in Wallung. Schwächere Druckwellen der Explosionen sind gar rund um den gesamten Globus messbar, weshalb Nordkoreas Nuklearversuche von Erdbebenstationen stets rasch nachgewiesen wurden. Was passieren könnte, wenn die Wellen den Paektusan durchrüttelten, wollen die Forscher um Tae-Kyung Hong von der Yonsei University in Seoul nun ermittelt haben.

Der Vulkan – er liegt auf der Grenze zwischen Nordkorea und China – ist ein Gigant. Vor gut tausend Jahren explodierte er bei einer der größten Eruptionen der Menschheitsgeschichte, die tausendmal mehr Lava, Asche und Gase in den Himmel pustete als der Mount St. Helens 1980 bei der drittgrößten

Eruption des 20. Jahrhunderts. Seit 1903 ist der über 2700 Meter hohe Paektusan nicht mehr ausgebrochen. In den vergangenen Jahren aber wurde er unruhig, leichte Beben schüttelten den Berg, sein Dach hob sich leicht. Seine Magmakammer liegt nur fünf Kilometer unter der Erde, weitaus flacher als bei anderen Vulkanen. Könnte eine Nuklearexplosion auf dem 116 Kilometer entfernten Atomtestgelände in Nordkorea sie zum Ausbruch bringen?

Um die Frage zu beantworten, haben die südkoreanischen Forscher berechnet, wie stark ein Atomtest den Untergrund in Schwingung versetzen könnte und wie solche Wellen die Spannung in der Magmakammer verändern würden. Während die Schwingungen recht gut zu bestimmen sind, unterliegen Spannungsrechnungen erheblichen Unsicherheiten – unter anderem, weil die Beschaffenheit des Untergrundes nicht genau bekannt ist. Die entscheidende Frage lautet: Wie viel Gas enthält die Magmakammer? Steht sie unter Spannung wie eine geschüttelte Sprudelflasche?

Die Spannungsänderung durch einen Atomtest in Nordkorea in einer normalen Magmakammer wäre um das Zehn- bis Hundertfache zu schwach, um eine Eruption auszulösen, sagt Fidel Costa, Experte an der Nanyang Technological University in Singapur. Stünde der Vulkan aber unter starkem Druck, so haben die südkoreanischen Forscher berechnet, könnte ein Atomtest einen Ausbruch auslösen. Es müsste sich allerdings um eine Nuklearexplosion handeln, die mindestens einem Erdbeben der Stärke 7 entspräche, ein extremer Wert. Selbst dann sei aber unklar, ob genügend Gase erzeugt würden, die für explosiven Überdruck sorgten, rechnen die südkoreanischen Forscher vor. »Ein solcher Test wäre tausendmal stärker als der größte, den Nordkorea bislang unternommen hat«, sagt Jeff Freymueller, Experte für geologische Spannungsberechnungen an der University of Alaska in Fairbanks. Der Test entspräche dem größten, den die USA jemals gemacht hätten. Dass Erdbeben der Stärke 7 Vulkane zum Überkochen bringen können, haben diverse Studien der letzten Jahre dokumentiert.

Ein gravierender Effekt selbst solch starker Erschütterungen auf die Erdkruste der Umgebung sei jedoch selten, berichten Forscher um Tom Parsons vom Geologischen Dienst der USA (United States Geological Survey, USGS): Nur zwei bis drei Prozent der Siebener-Beben hätten das Ruckeln der Erdkruste dauerhaft erhöht, meist hingegen seien im Gefolge nicht mehr Erdbeben festzustellen – entsprechend geringe Effekte wären womöglich in einer Magmakammer zu erwarten.

Es hätte festgestellt werden müssen, ob der Paektusan zuvor auf Erdbeben reagiert hätte, meint der Seismologe Ross Stein vom USGS. Im März 2011 etwa erschütterte knapp 1400 Kilometer vom Vulkan entfernt das extreme Tsunami-Beben die japanische Ostküste – das Beben der Stärke 9 war tausendmal stärker als ein Beben der Stärke 7. »Hätten die Kollegen ermittelt, ob das Japan-Beben den Paektusan in Unruhe versetzt, etwa Gasfontänen oder kleine Beben ausgelöst hat, wäre ihre Studie besser untermauert«, sagt Stein. Sein Kollege Freymueller wird noch deutlicher: Die Studie dokumentiere eher das Gegenteil von dem, was sie behaupte, meint er. »Sie zeigt, dass es höchst unwahrscheinlich erscheint, dass ein Atomtest eine Eruption auslöst.« Eine Ausnahme aber gebe es: Stünde der Paektusan kurz vor dem Ausbruch, könnte ein Atomtest den entscheidenden Impuls geben, sagt Freymueller. »Aber dann«, meint er, »wäre der Vulkan sowieso bald ausgebrochen.«

Atomtest-Sensoren sind im nächsten Kapitel einer Apokalypse anderer Art auf der Spur: Sie haben in den vergangenen Jahren 26 gewaltige Meteoritenexplosionen aufgespürt, die fast alle unbemerkt geblieben waren. Experten warnen vor City-Killer-Asteroiden.

41

Meteorit über Metropole

Das weltumspannende Netz von Atomtest-Sensoren hat in den vergangenen 14 Jahren 26 große Detonationen aufgespürt, die nicht von Nuklearwaffen erzeugt wurden. Es handele sich um Meteoritenexplosionen, berichtet die Stiftung B612, die ein Frühwarnsystem gegen die Bomben aus dem All aufbauen will. Die meisten der Detonationen seien bislang unbemerkt geblieben. Die Daten der internationalen Atomtest-Überwachungsbehörde CTBTO (Comprehensive Nuclear-Test-Ban Treaty) zeigten, dass Meteoriten häufiger auf die Erde träfen als angenommen, folgert die Stiftung, der namhafte Weltraumexperten angehören. Die CTBTO misst an 45 Stationen weltweit Druckwellen, die sich über die Luft ausbreiten.

Die Brocken hätten eine Sprengkraft von 1 bis 600 Kilotonnen TNT gehabt; die Atombombe von Hiroshima entfaltete 15 Kilotonnen. Nur einer der 26 kosmischen Vagabunden sei, wenige Stunden bevor er explodierte, entdeckt worden. Die anderen kamen ohne Vorwarnung. Sie seien zumeist abseits der Zivilisation über dem Meer explodiert und deshalb unbemerkt geblieben. Die Unkenntnis über drohende Einschläge entlarve das hohe Risiko durch »City-Killer-Asteroiden«, also durch kosmische Bomben, die groß genug sind, erheblichen Schaden anzurichten, sagt der US-amerikanische Astronaut Ed Lu, einer der Gründer der Stiftung. »Da wir nicht wissen, wo und wann der nächste Einschlag passieren wird, ist das Einzige, was eine Katastrophe verhindert hat, pures Glück«, betont er.

Könnte man im All umherschwirrende Brocken per Knopfdruck leuchten lassen, würde fast das gesamte Firmament blinken. Die Anzahl jener »erdnahen Meteoriten«, die irgendwann die Bahn der Erde kreuzen könnten, errechnen Wissenschaftler auf ähnliche Weise wie Umfragen vor einer Bundestagswahl: Sie nehmen repräsentative Stichproben und schließen auf die Gesamtmenge. Die neue Stichprobe der CTBTO zeige, dass die Gesamtschätzung zu niedrig kalkuliert worden sei, meint die Stiftung.

Regionen im Sonnensystem werden bislang mühsam mit Teleskopen durchforstet, die Lichtreflexionen auswerten. Größere Objekte erkennen Astronomen recht schnell. Kleinere Geschosse fallen indes bestenfalls auf, wenn sie in der Nähe der Erde auftauchen. Mehr als tausend Brocken, die dicker als ein Kilometer sind, kreisen den Schätzungen zufolge auf potentiell gefährlichen Bahnen.

Ein Einschlag dieser Riesen hätte verheerende Folgen für unsere Umwelt und würde die Erde für immer verändern – es wäre die größtmögliche Katastrophe. 90 Prozent der Giganten wurden nach Meinung von Forschern bereits entdeckt. Doch es gilt die Regel: Je kleiner Meteoriten sind, desto häufiger sind sie. Und halbe Größe bedeutet zehnfache Häufigkeit. So könnten etwa 100 000 Geschosse von 250 Meter Durchmesser und zehn Millionen 50-Meter-Brocken die Bahn unseres Planeten kreuzen, berechnen Astronomen. Schon ein Klumpen von 20 Meter Dicke könnte Städte erheblich zerstören.

»Weniger als 10 000 dieser gefährlichen Brocken wurden gefunden«, sagt Lu. Auch der Asteroid, der vergangenes Jahr über der russischen Stadt Tscheljabinsk eine Sprengkraft wie 600 000 Tonnen TNT entfaltet hatte, war ohne Vorwarnung gekommen. Das etwa 20 Meter dicke Trumm hatte erhebliche

Zerstörungen angerichtet, obwohl er hoch oben in der Luft zerborsten war. Die 26 gemessenen Explosionen der CTBTO zeigten, dass solch kleine, aber dennoch gefährliche Kaliber offenbar häufiger kommen als angenommen, glaubt die Stiftung. Die Entdeckung der unbemerkten Einschläge könnte tatsächlich darauf hinweisen, dass bisherige Schätzungen zu vorsichtig waren, meint auch der Meteoritenforscher Mario Trieloff von der Universität Heidelberg. Für eine akkurate Bestimmung des Risikos mangele es jedoch an Fallzahlen.

Auch sein Kollege Alan Harris vom Deutschen Zentrum für Luft- und Raumfahrt bleibt zurückhaltend: Die Daten seien zwar beeindruckend, sagten aber wenig über die Häufigkeit größerer Objekte. »Ich bezweifle, dass man aufgrund der Daten etwas Zuverlässiges über die Häufigkeit von größeren Objekten sagen kann.« Gleichwohl könnten Einschläge häufiger sein als angenommen: »Ich hätte einen Einschlag mit Energie von Meteoriten mit zwei bis vier Meter Durchmesser einmal pro Jahr erwartet«, sagt Harris. Die B612-Daten zeigten nun, dass sie doppelt so häufig eintreten könnten. Weil die kleinen Brocken aber normalerweise keinen Schaden anrichten, sei das Ergebnis eher für Wissenschaftler interessant. Die B612-Stiftung wirbt für ein privat finanziertes Infrarot-Teleskop im All. Es könnte anhand feinster Wärmestrahlung gefährliche Geschosse Jahre im Voraus erspähen, sodass Zeit für Abwehr bleibt. Die Welt wäre nicht mehr auf Zufallsfunde der Teleskope angewiesen. Der Astronaut Bill Anders glaubt dran: »Wenn wir Asteroiden, die eine Stadt auslöschen können, früh genug entdecken, ist nur ein kleiner Schubser nötig, um sie auf einen ungefährlichen Kurs zu lenken.«

Auch ohne City-Killer-Asteroiden ist die Erde ein gefährlicher Ort, wir leben in Pausen zwischen Katastrophen. Eine Rangliste im nächsten Kapitel zeigt, wie stark Länder von Naturgewalten bedroht sind. Sie offenbaren ein grausames Gesetz.

42

Liste des Schreckens

Die furchtbare Regel bringt sich immer wieder in Erinnerung, beispielsweise 2010: Kurz nacheinander wurden Großstädte in Haiti und Neuseeland von Erdbeben gleicher Stärke getroffen. Auch sonst ähnelten sich beide Beben: Sie ereigneten sich flach unter der Erde nahe einer Großstadt, und ihre Entstehung vollzog sich auf ähnliche Weise. Einen entscheidenden Unterschied gab es allerdings: In Haiti starben Hunderttausende Menschen, in Neuseeland blieb es bei Gebäudeschäden. Die furchtbare Regel lautet: Naturkatastrophen suchen meist arme Länder heim. Stürme, Erdbeben, Fluten oder Dürren werden erst dann zum Desaster, wenn Bewohner sich nicht ausreichend gegen die Gefahren geschützt haben.

Eine Rangliste zeigt, wie stark Länder von Naturgewalten bedroht sind. Der Weltrisikoindex, veröffentlicht im *Welt-RisikoBericht* von Wissenschaftlern der Universität der Vereinten Nationen und von Entwicklungsorganisationen, ist von eindringlicher Schlichtheit: Je weiter oben ein Land steht, desto eher kommt man dort bei einer Naturkatastrophe ums Leben. Ganz oben auf der Liste finden sich Pazifikinseln: Vanuatu und Tonga erwarten Erdbeben, Tsunamis und Stürme, die Philippinen müssen zudem in besonderem Maße noch mit Vulkanausbrüchen und Erdrutschen rechnen. Am sichersten vor Naturgewalten ist man in Katar und Malta; Deutschland liegt auf Rang 147 von 171 bewerteten Staaten. Italien kommt in der Rangliste erst in der zweiten Hälfte – trotz der vielen Beben, die das Land heimsuchen. Die Experten trauen dem Land zu, die Gefahren besser zu beherrschen als die meisten anderen Länder.

Die Wissenschaftler haben für den *WeltRisikoBericht* unter anderem Daten aus folgenden Bereichen ausgewertet: die von Naturgefahren betroffene Bevölkerung, die Anfälligkeit von Verkehrswegen, Wohnungen und Versorgung, die Wirtschaftsleistung, die Ernährungssituation, medizinische Versorgung und politische Lage, soziale Absicherung, Bildung, Forschung und Warnsysteme. Manche Länder wurden wegen Datenmangels nicht berücksichtigt.

Von den hoch entwickelten Staaten steht Japan mit Platz 17 am höchsten auf der Liste und damit bei den besonders bedrohten Ländern – obwohl die Industrienation bei den Sicherungsmaßnahmen an der Spitze liegt. Doch Japan wird von geologischen Kräften gleich mehrfach in die Zange genommen, wie Tsunamis, Erdbeben, Taifune und Vulkanausbrüche in den vergangenen Jahren bewiesen haben. Als reiches Industrieland folgen die Niederlande auf Rang 49, die, von Deichen geschützt, großenteils unter dem Meeresspiegel liegen. Der steigende Meeresspiegel bedroht das Land zunehmend. Auch Chile auf Platz 22 und Serbien auf Platz 68 liegen trotz relativen Wohlstands im oberen Teil der Rangliste. Griechenland auf Platz 76 muss vor allem mit der Bedrohung durch Beben und Tsunamis leben.

Den scheinbar präzisen Zahlen zum Trotz – die Kalkulationen für den *WeltRisikoBericht* fußen nicht auf exakten Messungen, sondern auf groben Schätzungen Tausender Experten. Verdeutlicht wird aber, wo besondere Schwierigkeiten bei der Bewältigung von Naturkatastrophen auftreten können. Besonderen Fokus legt der *WeltRisikoBericht* deshalb auf die Infrastruktur – und damit auf Fragen wie diese: Wie kann ein

Land auf ein folgenschweres Naturereignis reagieren? Gibt es genügend Straßen und Flughäfen für Rettungsdienste? Wie viele Krankhäuser stehen bereit? Funktioniert die Stromversorgung im Notfall? Hier hapert es selbst in den USA, wie sich nach dem Hurrikan »Sandy« zeigte, der 2012 New York City streifte: Das Stromnetz brach zusammen, Rettungsarbeiten wurden erheblich erschwert.

Fast alle Länder Südamerikas weisen dem Report zufolge erhebliche Mängel auf bei den Möglichkeiten, auf Katastrophen zu reagieren. In Afrika sind nur Südafrika, Marokko, Ghana und Namibia einigermaßen vorbereitet. Nach Wetterkatastrophen sind Wege überschwemmt oder mit Hangrutschungen blockiert; ungefestigte Straßen sind verschlammt, sodass es kein Durchkommen gibt. Es mangelt vielerorts an Rettungswegen: In Afrika gebe es lediglich 65 Kilometer asphaltierte Straßen pro 100 000 Einwohner – in Europa sind es 832 Kilometer. Jene Länder, in denen es wenig Alternativrouten gibt, schnitten in dieser Kategorie schlecht ab. Überschwemmungen in Thailand 2011 etwa betrafen den Flughafen von Bangkok; immerhin gab es auch andere Wege für Hilfstransporte als Flugzeuge. Anders in Nepal: Der einzige internationale Flughafen des Landes war zu klein, um nach dem verheerenden Erdbeben 2015 die erforderlichen Hilfslieferungen aus aller Welt annehmen zu können. Das Straßennetz war großenteils zerstört, sodass Lieferungen nicht ankamen.

Der Index berücksichtigt nur Risiken, die mit Naturkatastrophen und den Kapazitäten zur Bewältigung von Naturereignissen wie Erdbeben oder Hochwasser zusammenhängen. So kommt es, dass etwa Saudi-Arabien (drittbeste Platzierung, Platz 169) und Ägypten (Platz 158) besser abschneiden als etwa die Schweiz (Platz 155), Österreich (Platz 135) oder Großbritannien (Platz 131). Auch die Schweiz kann – ebenso wie das Rheinland – von einem starken Erdbeben erschüttert werden, ein schwerer Orkan könnte europäische Staaten in Mitteleuropa heimsuchen. Versicherungen kalkulieren für diese Ereignisse mit Schäden von rund hundert Milliarden Euro – und vielen Toten. Vor allem in Städten, die rapide wachsen, sind Menschen bei Naturkatastrophen großen Gefahren ausgesetzt. Wenn in einer Metropole planlos neue Siedlungen entstehen, sind die Frühwarnsysteme und Möglichkeiten zur Bewältigung von Naturkatastrophen besonders schlecht.

Experten schlagen diverse Vorkehrungen vor: Insbesondere größere Gebäude wie Krankenhäuser, Schulen, Hotels und Geschäftsgebäude müssten gesichert werden. Denn oftmals tragen große offene Räume im Erdgeschoss viele Stockwerke, schon leichte Erschütterungen können solche Häuser einstürzen lassen. Größere Neubauten wie Schulen sollten etwa in Bangladesch zu Notunterkünften für Betroffene eines Wirbelsturms umfunktioniert werden können. Straßen müssten bei einem Taifun auch als Entwässerungskanäle fungieren – wie bereits mancherorts in Japan oder Malaysia. Ein anderes, kostengünstiges Mittel gegen Personenschäden bei Naturkatastrophen seien Gesetzesänderungen wie etwa die Stärkung von Besitzrechten, konstatierte die Weltbank jüngst in einer Analyse: Sind Menschen sich ihres Eigentums sicher, kümmerten sie sich mehr um dessen Zustand und Unterhalt. Auch Warnsysteme müssten verbessert werden. Oft scheitere der Schutz von Bedrohten erst auf den letzten Kilometern, konstatiert der Report: Selbst wenn Staaten dank Messnetzen rechtzeitig Alarm schlagen, verpufft dieser oft, weil die Warnung auf lokaler Ebene, in Städten und Dörfern, nicht weitergegeben wird.

Eigentlich dürfte die Erde nur an den Grenzen von Erdplatten ruckeln. Doch warum ereignen sich Beben auch mitten auf einer Platte? Im nächsten Kapitel bieten Forscher eine neue Erklärung für das Mysterium.

43

Katastrophen aus dem Nichts

»Ich habe nicht erwartet, dass diese Gegend so stark wackeln kann«, staunte der Erdbebenforscher Brian Romans an der Virginia Polytechnic Institute and State University, nachdem im August 2011 ein starkes Beben den US-Staat erschüttert hatte. Die Region liegt abseits von Erdplattengrenzen, an denen sich normalerweise tektonische Spannung entlädt, weil die Platten kollidieren. Was aber ging in Virginia vor?

Fast alle Erdbeben ereignen sich entlang der Kollisionslinien von Erdplatten, jener kontinentgroßen Gesteinsschollen, deren Zusammenstoß Gebirge auffaltet und Vulkane gebiert. Doch immer wieder werden auch Orte von Beben erschüttert, die innen auf den Erdplatten liegen: Rund 1500 starke Intraplattenbeben sind bekannt. Besonders fatal macht diese Beben, dass die Leute nichts von der Gefahr ahnen und somit die Bauweise ihrer Häuser nicht anpassen können.

Manchmal sind menschliche Aktivitäten die Ursache. Die bisher schwersten Intraplattenbeben aber ereigneten sich auf natürliche Weise, im Winter 1811/12 im US-Bundesstaat Missouri. Zwei Beben der Stärke 8 ließen den Boden der Stadt New Madrid einen Meter hohe Wellen schlagen und lenkten sogar den Lauf des Flusses Mississippi um. Am 26. Januar 2001 gab es ein besonders grausames Beben mitten auf einer Erdplatte: Die indische Stadt Bhuj wurde von einem Intraplattenbeben der Stärke 7,6 erschüttert, 20 000 Menschen starben. Jetzt präsentieren Wissenschaftler eine Erklärung für die Katastrophen aus dem Nichts. Aufwallender Gesteinsbrei im Erdinneren setze den Boden unter Spannung, berichten Forscher um Thorsten Becker von der University of Southern California in Los Angeles.

Hitze und Druck lassen Gestein unter der Erdkruste teilweise schmelzen, sodass es in Bewegung gerät. Erdbebenwellen machen die unterirdischen Strömungen sichtbar: Wie Ultraschallbilder beim Arzt zeigen die sogenannten Seismogramme Strukturen im Verborgenen – je flüssiger das Material, desto langsamer werden die Wellen. Im Westen der USA zeigten sie, wie ein Schlot zähflüssigen Gesteinsbreis aus rund 200 Kilometer Tiefe aufsteigt. Die Region zwischen Utah und Kanada liegt weitab von Erdplattengrenzen, dennoch lassen immer wieder Erdbeben den Boden zittern. Ursache für das Ruckeln sei der Schlot im Untergrund, vermuten Thorsten Becker und seine Kollegen: GPS-Sensoren zeigten, dass sich der Boden über dem Schlot ein wenig höbe – just dort, wo es bebte.

Der entdeckte Zusammenhang sei beeindruckend, sagt der renommierte Seismologe Roland Bürgmann von der University of California in Berkeley. Zwar gäbe es weitere Kräfte im Untergrund, die Einfluss auf Erdbeben hätten. Die neue Studie zeige jedoch, dass Gesteinsströme im Erdinneren ein wesentlicher Auslöser für Intraplattenbeben sein könnten. Weltkarten der Gesteinsströme würden dabei helfen, Risikogebiete einzugrenzen, meint Bürgmann. Bislang gibt es lediglich einen Indikator dafür, dass Gebiete von Intraplattenbeben bedroht sind: dass es dort bereits Intraplattenbeben gegeben hat. Wäre etwa im indischen Bhuj nicht ignoriert worden, dass es dort bereits vor 182 Jahren stark gebebt hatte, hätte die Architektur der Gebäude angepasst werden können – Tausende Menschen wären 2001 wohl gerettet worden.

Andere Erdbeben sind ebenso energisch wie jenes in Bhuj – doch sie verursachen keine Schäden. Dabei versetzen sie ganze Landstriche, ohne dass es jemand merkt. Von ihnen berichtet das nächste Kapitel.

44

Stille Erdbeben

Alle zwei Jahre bebt die Erde im Nordosten Neuseelands so gewaltig, dass Häuser kollabieren könnten. Doch nicht mal Kaffeetassen zittern, wenn sich im Untergrund auf einer Fläche, so groß wie Hamburg und Berlin zusammen, Abermillionen Tonnen Gestein verschieben – niemand spürt das geisterhafte Ruckeln.

Während sogenannter stiller Erdbeben geschieht Spukhaftes: GPS-Sensoren verraten, dass ganze Landschaften verrutschen. Gegenden im Nordosten Neuseelands schieben sich binnen drei oder vier Wochen um mehrere Zentimeter nach Westen. Auch in Costa Rica, im Westen der USA, in Mexiko und Japan dokumentieren GPS-Geräte Wanderungen ganzer Landstriche. Dabei kann sich so viel Gestein bewegen wie bei einem Starkbeben. Es verschiebt sich allerdings so langsam, dass keine Erschütterungswellen ausgelöst werden; die Felsplatten gleiten nahezu reibungslos übereinander oder aneinander vorbei – und zwar weitaus schneller als im Zuge der üblichen Erdplattenbewegungen.

Stille Erdbeben stehen noch nicht im Lehrbuch, Wissenschaftler kennen das Phänomen erst seit ein paar Jahren. Das lautlose Ruckeln galt als erfreulich, baut es doch Spannung im Boden ab ohne gefährlichen Ruck. Doch die Kriechbeben können neuen Studien zufolge bedrohlich werden: Sie übertragen

Spannungen in die Nachbarschaft, wo dann Starkbeben zuschlagen können. Dem katastrophalen Tsunamibeben in Japan im März 2011, das den Super-GAU in Fukushima auslöste, seien mindestens neun Jahre lang stille Beben vorausgegangen, haben Geoforscher um Kazuki Koketsu von der University of Tokyo herausgefunden. Das jahrelange Kriechen des Meeresbodens habe den Druck aufs Nachbargestein, das sich nicht mitbewegt hatte, stetig erhöht. Am 11. März 2011 hielt das Gestein der Spannung nicht mehr stand, es brach – das Beben schaukelte die verheerenden Tsunamis auf.

Mit Sorge verfolgen Forscher nun das Kriechen des Meeresbodens vor der Küste der Megastadt Tokio. Erdbeben-Sensoren hatten in der Region stets nur erstaunliche Ruhe registriert. Den Grund für die Ruhe offenbart die Analyse von GPS-Daten auf der östlich vor Tokio gelegenen Halbinsel Boso: Stille Erdbeben schieben den Landstrich unmerklich nach Westen, in manchen Monaten um mehrere Zentimeter – solch ein Versatz setzt so viel Energie frei wie ein Beben der Stärke 6,5. Die Spannung im angrenzenden Gestein habe sich dadurch erhöht, warnt Shinzaburo Ozawa von der Geospatial Information Authority in Japan. Der Zeitpunkt des nächsten starken Bebens nahe Tokio sei mithin näher herangerückt; die Erdbeben-Uhr wurde gewissermaßen vorgestellt.

Stille Beben können auch Tsunamis verstärken – das geschah offenbar 1947 in Neuseeland: 13 Meter hohe Wellen hatten den Nordosten des Landes verwüstet – die Gegend, wo heutzutage die stillen Beben registriert werden. Damals gab es dort einen Schlag der Stärke 7,1 am Meeresboden. Doch für 13-Meter-Wogen reicht die Wucht eines solchen Bebens nicht. Was war geschehen?

Rebecca Bell, Geologin am Imperial College London, hat Berichte von Zeitzeugen ausgewertet. Sie stieß dabei auf erstaunliche Aussagen: Das Beben sei nicht als heftiges Wackeln spürbar gewesen, hatten Anwohner erzählt. Vielmehr rollte der Boden wie ein Schiff in stürmischer See. Sie seien regelrecht seekrank geworden, berichteten Betroffene. Offenbar, folgert Bell, habe sich der Boden bei dem Beben langsamer verschoben als üblich – wodurch sich die Tsunamis höher türmen konnten: Nachdem ein Ruck die Wellen losgetreten hatte, hob ein stilles Erdbeben wohl langsam den Meeresboden, sodass die Tsunamis gestaucht wurden – und sich stärker türmten.

An der berühmten San-Andreas-Spalte in Kalifornien kommen Geologen der Ursache stiller Erdbeben auf die Spur. Bereits 1960 entdeckten Arbeiter südlich der Stadt San Juan Bautista, dass ein zwölf Jahre zuvor gebauter Abwasserkanal zerrissen war und beide Seiten um 30 Zentimeter versetzt lagen – ohne dass es gebebt hätte. Die Erklärung: Während sich im Norden und Süden Kaliforniens gefährliche Spannungen aufbauen, gleiten die Erdplatten entlang eines 200 Kilometer langen Abschnitts ohne Beben aneinander vorbei.

Bohrungen förderten mögliche Ursachen für die stille Bewegung zutage: Zwischen Felsblöcken entdeckten Geologen die Minerale Saponit – das sogenannte Seifengestein – und Talk, ein extrem weiches Mineral. Es entstehe wahrscheinlich in der Tiefe aus anderen Mineralen, die sich unter hohem Druck mit Wasser mischen, glauben Forscher. In größerer Tiefe könnten auch Hitze und Druck dafür sorgen, dass Gestein sich wie Knetmasse bewegt. Oder wirkt Wasser als Schmiermittel für Erdplatten, wie in Vulkanen, die heißer Dampf häufig wummern lässt? Was genau geschieht, soll ein neues Projekt klären: Der Meeresboden vor der Küste im Nordosten Neuseelands soll verkabelt werden wie ein Intensivpatient. In anderthalb Kilometer tiefen Bohrlöchern wollen Wissenschaftler Sensoren verankern, die stillen Erdbeben sozusagen den Puls fühlen. Das Meeresboden-EKG geht per Funk direkt ins Labor. »Dann verstehen wir hoffentlich, wie sich stille Beben ausbreiten«, sagt Geologin Bell. »Und wo sie den Boden unter Spannung setzen.«

Andere Beben setzen auf einen Schlag katastrophale Energie frei – doch auch sie bleiben folgenlos. Im nächsten Kapitel sind Geoforscher Geisterbeben auf der Spur.

45

Geisterbeben

Die Bewohner von Tokio waren auf das Schlimmste gefasst, als am 1. Juni 2015 in ihrer Stadt abrupt Züge stehen blieben, die Elektronik ausfiel und Hochhäuser zu schwanken begannen. Sensoren verzeichneten ein Erdbeben der Stärke 8,5 – ein Schlag von seltener Wucht. Das Bebenfrühwarnsystem schlug sofort Alarm. Tausende Menschen kauerten in der Mitte von Straßen und auf Plätzen, sie suchten Abstand zu dem erwarteten Trümmerregen. »Es ist sehr unheimlich«, twitterten manche.

Doch dann die Überraschung: Der gewaltige Stoß hatte kaum Folgen, ernste Schäden gab es nicht – im Meeresboden vor der japanischen Küste hatte sich ein sogenanntes Geisterbeben ereignet. Was war geschehen in der Tiefe?

Nach einigen Sekunden stellte das Erdbebennotfallsystem den Strom wieder an, auch die Züge wurden wieder freigegeben, und für die Bewohner war die Angelegenheit überstanden. Wissenschaftler aber stürzten sich auf die Daten, sie erkannten die Besonderheit des Phänomens. Das Beben hatte sich 696 Kilometer unter dem Meeresboden ereignet – ein Weltrekord: Noch nie wurde in solch großer Tiefe ein dermaßen heftiger Schlag festgestellt. Vergleichbar war bis dahin lediglich ein Stoß der Stärke 8,3 vor 20 Jahren unter Bolivien und einer vor Kamtschatka 2014, beide ereigneten sich etwa 640 Kilometer unter der Erde. Das Beben nahe Tokio aber war noch 50 Kilometer tiefer.

Schon lange rätseln Geoforscher, warum das Gestein dort unten überhaupt bricht und bebt. An der Erdoberfläche ruckt die Erde, weil der Boden unter Spannung bricht. Doch in großer Tiefe macht Hitze von knapp 2000 Grad Gestein biegsam wie Knetmasse. Wie also kann es dort so stark beben wie unter Japan geschehen?

Wissenschaftler haben mehrere Theorien:

- Unter dem Druck der Tiefe schrumpfen Kristalle, dabei kann die Erde beben.
- Abtauchende Erdplatten bringen Wasser in den Erdmantel – wird es aus dem Gestein gepresst, dient es als Schmiermittel für bebende Gesteinsverschiebungen.
- Aufgestaute Hitze bringt Gestein ins Rutschen.

Stimmt die erste Theorie, könnte das Erdbeben von Japan an der untersten Grenze für Erdbeben gekratzt haben. Denn unterhalb von 700 Kilometern hat sich das vorherrschende Mineral des Erdmantels, Olivin, aufgrund des hohen Drucks vollständig zu Spinell gewandelt, einer kompakteren Form – die ruckartige Schrumpfung wäre in dieser Tiefe nicht möglich. Das Beben vom 1. Juni 2015 690 Kilometer unter der Erde könnte aber auch der speziellen Geologie der Region geschuldet sein: Vor der Küste Japans taucht der Meeresboden des Pazifiks steil unter eine andere Erdplatte ab. Der Pazifikboden dort ist eine Rarität: Er gehört zu den ältesten Gesteinen im Meer, er ist rund 200 Millionen Jahre alt. Entsprechend erkaltet und verdichtet sind seine Minerale. Aufgrund ihrer Schwere taucht die alte Platte besonders steil und mit acht Zentimetern pro Jahr geradezu flott in den Untergrund. Sie erreicht größere Tiefen als andere Platten. Selbst im knetmasseartigen

Erdmantel bleibt sie womöglich spröde genug, um zu brechen – und zu beben.

Nach Erdbeben berichten Zeugen zuweilen von Lichterscheinungen, die aus der Erde zu kommen scheinen. Im nächsten Kapitel finden Wissenschaftler in Steinen tatsächlich Beweise für die jahrtausendealte Legende – die Brocken zeigen Spuren von Starkstrom.

46

Blitze aus der Erde

In der Nacht des 27. Februar 2010 fahren zwei Männer nahe der chilenischen Stadt Talca von einer Party nach Hause, als plötzlich grelle Lichtstreifen durchs Dunkel flimmern. Minutenlang zeichnet die Dachkamera ihres Autos rätselhafte Blitze auf, die aus dem Boden zu flackern scheinen. Fast gleichzeitig schüttelt ein Erdbeben die Region. Das Video begeistert Wissenschaftler, sie werten es als Indiz für ein Phänomen, das lange als Legende abgetan wurde: Erdbebenlichter.

Überlebende starker Beben berichteten schon in der Antike von »immensen Flammensäulen«. Doch erst 1966 gab es das erste Dokument: Ein japanischer Zahnarzt in der Ortschaft Matashiro war in der Nacht des 26. Februar mit seiner Kamera vor die Tür getreten, er drückte spontan auf den Auslöser, als er helles Leuchten erblickte. Dann vibrierte der Boden. Dennoch wagten Wissenschaftler nicht, das Phänomen zu ergründen, aus Sorge, als Spinner gebrandmarkt zu werden. Seit gut zehn Jahren aber suchen vor allem Forscher in den USA und in Japan nach Beweisen dafür, dass der Boden Blitze gen Himmel schleudern kann. Ein Team um Eric Ferré von der Southern Illinois University in den USA hat handfeste Belege entdeckt.

In Steinen aus Erdbebenzonen wollen Ferré und seine Kollegen den Beweis für die mysteriösen Bodenblitze gefunden haben. Taugt Stromfluss im Boden womöglich gar zur Warnung vor Erdbeben?, fragen sich nun die Wissenschaftler. Die Beweisstücke – sogenannte Pseudotachylite – sind Raritäten. »Sie sind für uns so wertvoll wie der Heilige Gral«, sagt Ferré. Die Steine stammen direkt aus dem Herd von Erdbeben, wo Millionen Tonnen schwere Felspakete gegeneinanderrucken und den Boden zittern lassen: In einem zentimeterschmalen Streifen entlang der Kollisionszone heizt sich das Gestein auf 1700 Grad auf, sodass es weiß glüht – und schmilzt. Nach wenigen Sekunden kühlt der Brei ab und verklebt zu einer dünnen dunklen Glasschicht.

Ferré und seine Kollegin Natalie Leibovitz haben solche Steine mit charakteristischer Glasader an mehreren Orten erbohrt und im Labor untersucht. Ihre Analyse zeigt, dass bei Erdbeben offenbar tatsächlich Starkstrom fließen kann. Darauf deute die extreme Magnetisierung der Minerale in den Gesteinen, sagen die Forscher: Magnetische Minerale im Gestein in der Nähe der Glasadern zeigen in andere Richtungen als die Minerale in größerem Abstand zur Bebennaht. Mehr noch: Die eisenhaltigen Partikel stehen wie Soldaten exakt in Reih und Glied. Die Messungen deuteten auf ein Magnetfeld hin, dessen Wirkung tausendmal stärker als im Gestein der Umgebung sei, berichtet Ferré. Nur immenser Stromfluss könne der Grund dafür sein, dass sich die Minerale auf solch strenge Weise geordnet hätten.

Drei Erklärungen kommen infrage. Erstens: Umgekippte Stromleitungen. Zweitens: Der Einschlag eines Gewitterblitzes. Drittens: Ein Blitz aus dem Boden. »Die ersten beiden Erklärungen scheiden aus«, sagt Ferré. Die untersuchten Pseudotachylite stammten tief aus dem Untergrund, Strom von oben komme als Ursache folglich nicht infrage. Bleibe nur: Starkstrom, der im Boden entsteht. Trotz des alten Verdachts ist es eine erstaunliche Entdeckung, denn Gestein wirkt normalerweise als Isolator, blockiert also Strom. Erdbeben jedoch, glauben die Forscher, zertrümmern die Atome von Mineralen entlang der Kollisionszone der Felspakete, sodass sich elektrische Spannung aufbaut – und schließlich Strom durch die Minerale schießt. Erreicht der Strom die Erdoberfläche, passiert das Gleiche wie bei Gewitter: Die Spannung zwischen Boden und Luft entlädt sich – es blitzt.

Was genau bei der Entfachung der unterirdischen Blitze geschieht, untersuchen Forscher derzeit in aufwendigen Laborexperimenten. Klar scheint nur, dass sich gewaltige Energien entladen: Womöglich erklären Erdbebenlichter, warum nach dem katastrophalen Beben im japanischen Kobe 1995 verbrannte Baumwurzeln gefunden wurden, meint Ferré. Wenige Meter unterhalb der Wurzeln fanden Geologen Pseudotachylite – frische Spuren von Starkstrom unter der Erde.

Um die Ursache von Erdbeben zu ergründen, zünden Wissenschaftler ihrerseits Explosionen. Die Druckwellen liefern im nächsten Kapitel die Erklärung, warum Platten über die Erde driften.

47

Gleitfilm der Kontinente

Die Großbaustellen unseres Planeten liegen an den Kollisionsfronten der Erdplatten: Dort bebt die Erde, Vulkane explodieren, Gebirge türmen sich, Gold reichert sich an – und das alles passiert, weil Dutzende Kilometer dicke Gesteinsplatten über die Erde driften. Sie bilden ein Mosaik wie Seerosen auf einem Teich.

Eine entscheidende Frage aber blieb lange unbeantwortet: Was treibt die Platten, warum bewegen sie sich? In 100 Kilometer Tiefe haben Geoforscher nun eine dünne Schicht gefunden, die das Rätsel klären könnte. Hunderte Kilogramm Sprengstoff verhalfen ihnen zu ihrer Entdeckung.

Mit Schiffen waren die Wissenschaftler über den Ozean vor Neuseeland gefahren, an einer Schleppe hinter ihrem Schiff zündeten sie Sprengstoff. Zudem verursachten sie Explosionen in kleinen Bohrlöchern auf der Nordinsel des Landes. Die Druckwellen durchdringen den Boden und werden je nach ihrer Schwingung an Gesteinsschichten im Bauch der Erde reflektiert. Mehr als tausend Sensoren registrierten die Reflexionen. Sie verraten die Beschaffenheit des Untergrunds: Je rasanter die Wellen, desto fester die Materie. Die Aufzeichnungen können als kleine Sensation gelten: Sie zeigen eine weniger als einen Kilometer schmale Schicht in 100 Kilometer Tiefe, die sich von der Umgebung deutlich unterscheidet; die

Schallwellen bremsen dort. Den Messungen zufolge besteht die geheimnisvolle Schicht aus honigartigem Brei.

Offenbar sei das Gestein dort teilweise geschmolzen, berichtet die Gruppe um Tim Stern von der Victoria University im neuseeländischen Wellington. »Es muss dort Wasser oder Gesteinsschmelze vorhanden sein«, bestätigt Christopher Daniel von der Bucknell University in den USA. »Ich bin beeindruckt, dass es den Kollegen gelungen ist, eine solch scharfe Grenze abzubilden«, ergänzt Sascha Brune von der University of Sydney. Die Schicht liegt an entscheidender Stelle: am Boden der Erdplatte. Offenbar hätten sie den Gleitfilm der Erdplatten entdeckt, meinen Stern und seine Kollegen: »Die Schicht ermöglicht anscheinend die Plattentektonik.« Unterhalb der dünnen Grenzschicht zeigen die Messungen eine zehn Kilometer dicke Zone, die ebenfalls teilweise geschmolzen ist. Beide Schichten trennen das feste Gestein der Platte von der weicheren Substanz der sogenannten Asthenosphäre (griechisch für »weicher Raum«) darunter. »Sie entkoppeln die Erdplatte von tieferen Bereichen«, sagt Brune.

Nun ließe sich die Frage, warum sich die Erdplatten bewegen, womöglich beantworten, ergänzt Corné Kreemer von der University of Nevada in Reno, USA. Drei Kräfte kommen als Plattenantrieb infrage:

Erstens der Sog, der entsteht, wo die Platten ins Erdinnere abtauchen. Zweitens könnte der Lavadruck die Platten wegschieben. Über den Meeresböden schlängeln sich kilometerhohe Gebirge, die Mittelozeanischen Rücken. Aus ihnen quillt stetig Lava, sie härtet zu frischer Erdkruste. Beidseits driften Erdplatten auseinander. Diese Kraft gilt jedoch als nicht sonderlich stark. Drittens schleppen Ströme heißen Gesteins im Erdinneren die Platten huckepack mit.

Lehrbücher favorisieren bislang die Huckepack-Version – doch sie würde der neuen Studie zufolge ausscheiden, jedenfalls unter den Ozeanen, meint Kreemer. Denn die entdeckte Entkoppelungszone deute darauf hin, dass Erdplatten und tiefer liegende Regionen nicht verbunden seien. Folglich zögen wohl vor allem ihre abtauchenden Ränder die Platten, sie bildeten den Hauptantrieb.

Die Entdeckung der Schicht gibt aber auch Rätsel auf: Warum gibt es in 100 Kilometer Tiefe Wasser oder Magma? Das Gestein in der Tiefe sollte eigentlich so stark zusammengepresst sein, dass es selbst bei mehr als tausend Grad Hitze, die im Untergrund herrscht, nicht schmelzen kann – mithin dürfte es dort kein Wasser oder Magma geben. Und warum sickert die zähe Flüssigkeit nicht nach unten oder dringt nach oben? Die Erkundung des mysteriösen Gleitfilms hat begonnen.

Dass im Untergrund Mysteriöses geschieht, bestätigt das nächste Kapitel. Eigentlich dürfte es die Azoreninsel Santa Maria gar nicht geben, sie sollte längst im Meer versunken sein. Doch das Eiland hebt sich unaufhaltsam.

48

Das Inselrätsel von Santa Maria

»Santa Maria, Insel wie aus Träumen geboren«, singt Roland Kaiser – und trifft geologisch ins Schwarze. Die Azoreninsel Santa Maria scheint einem Traum entsprungen, sie lässt sich nicht erklären.

Die östlichste Insel des Azoren-Archipels im Atlantik dürfte es gar nicht geben, oder sie müsste zumindest deutlich kleiner sein. Denn Inseln versinken im Lauf von Millionen Jahren: Erdplatten, auf denen Inseln liegen, senken sich mit der Zeit in den Untergrund – wie ein Gegenstand, der lange auf Butter liegt. Die Folge: Irgendwann überflutet das Meer die Inseln.

Auch Regen und Brandung lassen Inseln schwinden: Sie tragen das Land ab. Nur stete Zufuhr von Landmasse könnte die Verluste aufwiegen. Infrage kommen: Sandreiche Meeresströmungen oder Vulkanausbrüche – sie vergrößern Inseln, halten sie über dem Meeresspiegel. Indes: Beides fehlt auf Santa Maria.

Während die anderen Azoreninseln vulkanisch aktiv sind, gelegentlich von Lava-Ausbrüchen und Erdbeben heimgesucht werden, versiegte der Lava-Nachschub in Santa Maria vor zwei Millionen Jahren endgültig; schon anderthalb Millionen Jahre zuvor war er stark vermindert. Wie also, fragen sich Geologen, kann sich Santa Maria über Wasser halten?

Forscher der Universität Lissabon meinen, das Rätsel gelöst zu haben. Eine unbemerkte Magma-Ader presse die Insel nach oben – doch geltender Theorie zufolge dürfte es sie gar nicht geben.

Die Vulkanquelle, die die Azoreninseln speist, liegt in weiter Ferne von Santa Maria: 500 Kilometer entfernt verläuft der Mittelatlantische Rücken, ein Unterwassergebirgszug, aus dessen Klüften sich Lava über den Meeresboden ergießt.

Die Lava erstarrt zu Gestein – es entsteht frische Erdkruste. Die Lavamassen pressen beidseits des Mittelatlantischen Rückens die Erdplatten weg, die Europäische Platte im Osten und die Nordamerikanische im Westen. Deshalb entfernen sich Europa und Amerika vier Zentimeter im Jahr – etwa so viel, wie ein Fingernagel im Jahr wächst. Würde Kolumbus den Atlantik heute queren, müsste er 20 Meter weiter segeln als vor 500 Jahren.

Auch die Azoren entfernen sich voneinander. Die westlichsten Inseln des Archipels, Corvo und Flores, die auf der Amerikanischen Platte liegen, bewegen sich vier Zentimeter jährlich von Santa Maria fort, das auf der Europäischen Platte liegt. Je weiter sich die Inseln vom Lavastrom am Mittelatlantischen Rücken entfernen, desto weniger Vulkanausbrüche erleben sie. Auch in Corvo und Flores ist die Lavazufuhr ins Stocken geraten, die letzten Eruptionen liegen Jahrtausende zurück. Santa Maria jedoch ist schon etwa tausendmal länger vom Lavastrom abgeschnitten. Eine Folge: Statt schwarzer Strände mit Lavagestein säumen helle Sandstrände die Insel.

Rinnen in der Steilküste verraten, dass sich das Eiland hebt: Sie beweisen, dass noch vor dreieinhalb Millionen Jahren Meerwasser durch Gesteine floss, die nun meterhoch über dem Atlantik liegen.

Die Nachbarinsel São Miguel, so lautete eine Idee, könnte so schwer sein, dass sie Santa Maria, die auf derselben Erdplatte liegt, hochdrückt – ähnlich wie ein schwerer Mensch einen leichten auf einer Wippe in die Höhe steigen lässt. Indes:

São Miguel ist erheblich jünger als Santa Maria. Die Nachbarinsel könne deshalb keine Wippbewegung in Gang gebracht haben, folgert Ricardo Ramalho von der Universität Lissabon, der zusammen mit Kollegen das Mysterium ergründet hat.

Möglich wäre auch, dass Regen und Meer stark an Santa Maria nagen. Sie würde demnach viel Masse verlieren, immer leichter werden und deshalb hochsteigen – wie ein entladenes Schiff im Wasser. Aber: Erosion könnte bestenfalls kurzzeitige Hebung erklären, sagt Ramalho. Letztlich würde sich das von Regen und Brandung abgetragene Material zu Füßen der Insel ablagern – und ihre Hebung bremsen. Die Meeresspuren an den Steilkliffs jedoch verrieten kontinuierlichen Aufstieg von Santa Marias, berichtet Ramalho. Er und seine Kollegen glauben nun, das Inselrätsel gelöst zu haben: Eine unterirdische Magma-Ader presse Santa Maria in die Höhe.

Eine simple Kalkulation brachte die Forscher auf die Spur des Phänomens: Sie berechneten, wie viel Magma der Inselvulkan produziert hatte, als das Eiland noch durch Vulkanausbrüche wuchs. Die Menge ergibt sich aus dem Alter der Gesteine und ihrem Volumen – je mehr Magmagestein in einer Zeitspanne entstand, desto produktiver war der Vulkan. Das erstaunliche Ergebnis: Die Magmaförderrate entspreche jener Menge, die erforderlich wäre, um Santa Maria in ebenjene Höhe zu pressen, in der sie sich befinde, berichten Ramalho und seine Kollegen. Würde also die Magmaförderung unbemerkt unterirdisch weitergehen, ließe sich die Hebung der Insel erklären, folgern die Forscher.

Ihrer Theorie zufolge wäre der Vulkan von Santa Maria also gar nicht erloschen, er fördere in gleicher Weise Magma wie zuvor – nur eben in der Tiefe, viele Kilometer unterhalb der Erdoberfläche. Das Magma presse die Insel in die Höhe.

Ihr Ergebnis bringe eine grundlegende Theorie der Geoforschung ins Wanken, sagt Ramalho: Inseln, die sich weit von ihrer Magmaquelle entfernt haben, sind Lehrbüchern zufolge von Magma abgeschnitten – und meist zum Untergang verdammt. Ramalhos Studie aber zeigt, dass anscheinend unterirdische Adern Magma noch Hunderte Kilometer entfernt von der Quelle in den Untergrund pumpen. Ihre Theorie könnte womöglich auch andere Inseln erklären: Die Kanareninsel La Palma etwa liegt ebenfalls höher, als es die sichtbare Magmamenge rechtfertigen würde.

Mithilfe von Explosions- oder Erdbebenwellen ließe sich klären, ob sich tatsächlich Magma in der Tiefe versteckt, die Wellen entlarven Strukturen im Erdinneren. Die Forschungsanträge für solche Projekte dürften schon bald geschrieben werden.

Auch die Alpen heben sich – und auch ihr Wachstum ist rätselhaft. Im nächsten Kapitel entlarven Forscher eine Spätfolge der Vergangenheit – sie treibt das Gebirge in die Höhe.

49

Das spukhafte Wachstum der Alpen

Südöstlich von Innsbruck erkennen Wanderer auf spektakuläre Weise, wie die Alpen sich bewegen. Dort erstreckt sich ein 170 Kilometer langer Gebirgszug, aus dem der 3800 Meter hohe Großglockner hervorragt: das Tauernfenster.

Es lag einst tief unter der Erde. Das Gestein zeigt deutliche Spuren aus der Zeit im Untergrund: Seine Minerale wurden unter hohem Druck zusammengepresst. Vor 20 Millionen Jahren durchbrach es die Oberfläche und steigt seither in die Höhe. Jetzt ragt das in der Tiefe veränderte Gestein des Tauernfensters zwischen Brennerpass und Mauterndorf in den Himmel.

Westlich, in der Schweiz und in Frankreich, heben sich die Alpen um etwa zwei Millimeter pro Jahr. Östlich von Klagenfurt und Salzburg hingegen schrumpft das Gebirge, es rutscht nach Osten Richtung Balkan; Klagenfurt und Bozen wurden bereits 160 Kilometer voneinander weggeschoben. Was geht vor?

Zahlreiche Kräfte zerren an den Alpen. Eine Berechnung enthüllt die Hauptursache der Hebung: Es sind verschwundene Gletscher, die die Alpen wachsen lassen. Dabei scheint sich die monströseste Kraft unter der Erde zu entfalten: Seit 55 Millionen Jahren schiebt sich von Süden her die Adriatische Erdplatte, auf der Italien liegt, wie ein Sporn in die Europäische Platte. In der Knautschzone türmen sich die Alpen.

Versteinerte Korallenriffe auf Alpengipfeln zeugen von dem geologischen Auffahrunfall – ehemaliger Meeresboden auf der Adriatischen Platte wurden in die Höhe gefaltet. Die Plattenkollision knautschte das Gebiet auf ein Drittel seiner ursprünglichen Fläche, dabei schoben sich riesige Felspakete tief in den Untergrund. Leichtes Gestein wirkt dort wie ein Ballon, der unter Wasser gedrückt wurde – per Balloneffekt drückt das Gestein nach oben.

Auch Erosion lässt die Alpen wachsen. Regen nagt am Gebirge, spült kontinuierlich kleine Partikel zu Tal, sammelt sich zu Flüssen, die Kerben in den Fels schleifen. Je mehr Material fortgespült wird, desto leichter wird das Gebirge. Wie ein Schiff, das entladen wird, heben sich die Alpen aus dem Untergrund.

Doch weder Erosion noch Erdplatten-Crash oder Balloneffekt heben die Alpen maßgeblich, berichten Forscher um Jürgen Mey von der Universität Potsdam. Die Kräfte neutralisieren sich demnach nahezu: Je stärker sich das Gebirge infolge des kontinentalen Zusammenstoßes und Balloneffekts hebt, desto mehr Gesteinspartikel werden von Regen und Flüssen ins Tal geschwemmt.

Die meisten Erosionspartikel lagern sich in der Umgebung ab, häufig in Alpenseen. Sie werden also kaum weiterverfrachtet, lasten nach wie vor auf den Wurzeln des Gebirges. Lediglich ein Zehntel der Alpenhebung sei mit Erosion erklärbar, schreiben die Forscher.

Der Großteil des Wachstums lasse sich mit einer geradezu spukhaften Spätfolge der Vergangenheit erklären. Zum Höhepunkt der Eiszeit vor 18 000 Jahren lagen weitaus größere Gletscher auf den Alpen als heute, ihre Masse betrug 62 000 Milliarden Tonnen, schreiben Mey und seine Kollegen. Die Eiszeitgletscher lasteten demnach fünfhundertmal schwerer auf den Alpen als heute.

Die Gletscher sind weitgehend verschwunden, dennoch wirken sie fort: Ihr Verschwinden erkläre 90 Prozent der Alpenhebung, rechnen die Forscher vor. Sie haben die Entwicklung des Gebirges im Computer simuliert. Von der Last befreit, heben sich die Alpen bis heute, sie federn quasi zurück – am stärksten dort, wo während der Eiszeit die größten Gletscher lagen: im Westen Österreichs. Auch das westliche Tauernfenster liegt im Hebungszentrum – es setzt seinen Millionen Jahre währenden Aufstieg fort.

Auch Nordeuropa ist in Bewegung, es kippt – mit gravierenden Folgen: Häfen fallen trocken, Flüsse verrutschen, Erdöl wandert. Davon erzählt das letzte Kapitel.

50

Deutschland kippt

Hohenzieritz hat 490 Einwohner, liegt in der Idylle Mecklenburgs und ist eine Sensation; noch dazu eine unsichtbare. Das Dorf steht auf einer geologischen Linie, die nordwestwärts zieht: über Ostholstein, knapp vorbei an Flensburg nach Dänemark. Die Bewohner der Orte auf der Strecke eint eine Besonderheit: Sie leben auf der Kante. Nordöstlich hebt sich das Land, Südwestlich senkt es sich, nur die Kantenbewohner leben in konstanter Höhe. Daten des schwedischen Landesvermessungsamts zeigen erstmals den genauen Verlauf der geologischen Linie.

Auf Grundlage von GPS-Navigationsdaten hat der Geophysiker Holger Steffen Veränderungen der Landschaft am Computer nachvollzogen. Hunderte GPS-Sensoren in Nordeuropa registrieren millimetergenau ihre Position. Die Aufzeichnungen bestätigen einen grundlegenden geologischen Befund: Der Boden kippt wie eine Wippe. Skandinavien taucht weiter auf, das Meer zieht sich zurück. In Nordschweden müssen Hafenstädtchen wie Luleå der schwindenden Ostsee hinterherziehen – der Ort wurde verlegt. Auch Gävle in Mittelschweden schob seinen Hafen weiter raus in die Bucht, in den alten Docks Hunderte Meter landeinwärts wohnt mittlerweile die Schickeria.

Weite Teile Schleswig-Holsteins und Niedersachsens hingegen sinken, Ostfriesland und Hamburg etwa um einen halben

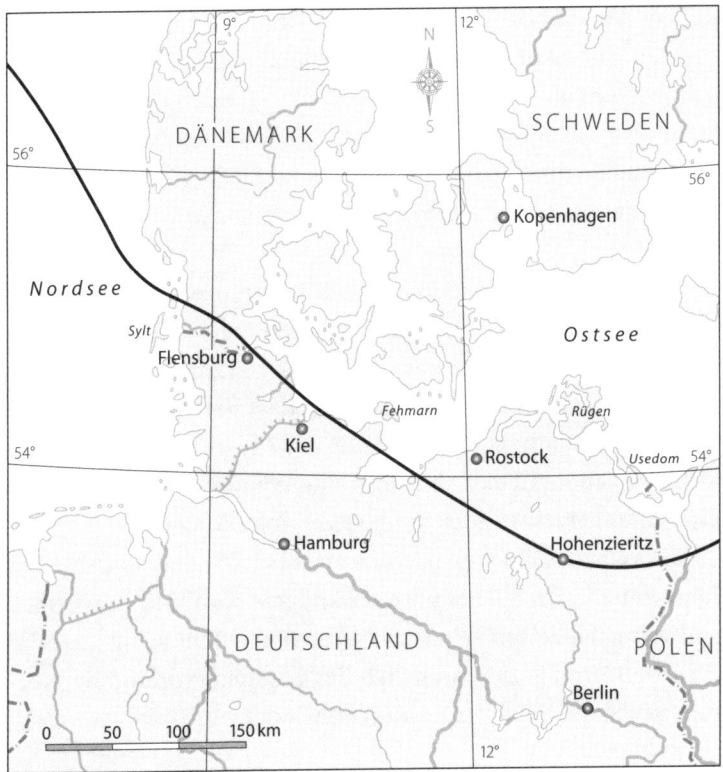

Achse der Landwippe

Millimeter im Jahr. Für die Küste wird die Wippe zum Problem: Zusätzlich zum Anstieg des Meeresspiegels kommt die Landsenkung – das Meer rückt also schneller vor als anderswo.

Im Norden hingegen, wo sich das Land hebt, wirkt die Wippe dem Meeresspiegelanstieg entgegen. Etwa 250 Kilometer nördlich der Kippkante, entlang einer Linie von Norddänemark über den südlichsten Teil Schwedens, heben sich beide Effekte auf: Die Landhebung verläuft genauso schnell wie der Meeresspiegelanstieg.

Es sind die Nachwehen der Eiszeit, die das Land kippen

lassen. Vor 18 000 Jahren lasteten drei Kilometer hohe Eismassen auf Skandinavien, sie drückten den Boden bis zu 900 Meter tief in die Erde. Gletscher standen bis nach Holstein und Vorpommern. Dann schmolz das Eis, seither federt das Land zurück. Zunächst mit bis zu zwölf Zentimetern im Jahr. Heute mit bis zu einem Zentimeter wie in Umeå in Nordschweden.

Der Süden der ehemaligen Gletschergrenze, also auch weite Teile Norddeutschlands, bildet die andere Seite der Wippe. Während der Eiszeit drückte das Gewicht der Eiszungen die Region nach oben, auf indirekte Weise: Die Last der Gletscher beulte das Land vor ihnen aus – ähnlich wie ein in Butter gepresster Daumen am Rand des Abdrucks eine Wölbung erzeugt. Seit die Gletscher verschwunden sind, senkt sich die Beule.

Die Wippe wirkt weit nach Deutschland, sodass Flüsse ihren Lauf ändern. Der Rhein etwa wanderte während der Eiszeit südwärts, das zeigen seine Ablagerungen. Offenbar rutschte das Flussbett nach Süden, weil sich das Gletschervorland im Norden wölbte. Ob der Strom derzeit wieder nordwärts wandert, ist unklar.

Die bewegte Landschaft lässt auch Experten nicht ruhen: Endlager für hoch radioaktiven Abfall etwa sollen für Jahrtausende dicht halten – es muss also sichergestellt werden, dass die Stätten nicht aufreißen, wenn sich das Land hebt oder senkt. Und auch auf der Suche nach Erdöl kalkulieren Forscher das Auf und Ab: Die Bewegung der Erdkruste öffne dem Öl neue Wege im Boden, es verlagert sich, berichtet Willy Fjeldskaar von der Universität Stavanger.

Die Nachwehen der Eiszeit lassen den Boden vibrieren und knarzen – und gelegentlich brechen, sodass die Erde bebt. Dutzende kilometerlange Brüche im Boden Skandinaviens zeigen, dass kurz nach der Eiszeit schwere Erdbeben Nordeuropa geschüttelt haben.

Ist die stärkste Spannung im Untergrund wirklich schon abgebaut? Oder kann es noch immer zu verheerenden Beben kommen? Geologen wissen es nicht. Eine Antwort fällt auch deshalb schwer, weil sich die Spuren früherer Beben schlecht datieren lassen. Somit bleibt unklar, ob sich Starkbeben tatsächlich nur kurz nach der Eiszeit ereignet haben oder ob sie womöglich nicht allzu lange her sind – und mithin ein aktuelles Risiko sein könnten.

Der ganze Planet bekommt die Landhebung zu spüren, denn der Boden wölbt sich in den hohen Breiten der gesamten Nordhalbkugel, auch in Kanada und Russland. Dadurch wirkt auf der Erde das gleiche Phänomen wie bei einer Eistänzerin, die bei einer Pirouette ihre Arme anlegt: Sie beschleunigt ihre Drehung, weil sich ihre Masse näher an die Drehachse verlagert.

Auch die Erde beschleunigt ihre Drehung: »Um 0,7 Tausendstelsekunden pro Jahrhundert werden die Tage deshalb kürzer«, berichtet Geophysiker Holger Steffen. Die Anziehungskraft des Mondes allerdings wirkt dem Effekt entgegen, sie bremst die Erddrehung.

Skandinavier können sich zudem über einen persönlichen Effekt freuen. Die Wippe macht sie leichter. Denn ein kleines bisschen verändert das Kippen des Bodens die Anziehungskraft: Hebende Regionen entfernen sich vom Rest der Erde – sie verlieren dadurch an Anziehung. Die Landhebung verringere das Gewicht, sagt Steffen. Bei einem 80 Kilo schweren Schweden zeige eine Waage pro Jahr etwa 250 Millionstel Gramm weniger an. Eine Kleinigkeit mehr essen zu können, ohne schwerer zu werden – auch das ist eine Folge der Eiszeit.

Literatur

Kapitel 1

Pott, R., *Die Nordsee*, München 2003.

Alfred-Wegener-Institut, Sylt

Bundesministerium für Ernährung, Landwirtschaft und Verbraucherschutz

Landesbetrieb für Küstenschutz, Nationalpark und Meeresschutz, Schleswig-Holstein

Landschaftszweckverband, Sylt

Niedersächsisches Ministerium für Umwelt und Küstenschutz

Stiftung Küstenschutz, Sylt

Kapitel 2

Abe, T., »Colonization of Nishino-shima Island by Plants and Arthropods 31 Years after Eruption«, in: *Pacific Science* 60, 3 (2006), S. 355–366.

Bryan, S. E., »Preliminary Report: Field Investigation of Home Reef volcano and Unnamed Seamount 0403-091«, Unpublished Report for the Ministry of Lands, Survey Natural Resources and Environment, Tonga 2007, S. 9.

Bulletin of Global Volcanism Network 31, 9 (2006).

Friðriksson, S. / Magnússon, B., »Colonization of the Land«, The Surtsey Research Society, www.surtsey.is/pp_ens/biola_1.htm.

Thornton, I. / New, T., *Island Colonization: The Origin and Development of Island Communities*, Cambridge University Press 2007, S. 178.

Vaughan, R. et al., »Satellite observations of new volcanic island in Tonga«, in: *Eos* 88, 4 (2007), S. 37–41.

»Volcano raises new island south of Japan«, in: *Associated Press*, 21. November 2013.

Xu, W. et al., »Birth of two volcanic islands in the southern Red Sea«, in: *Nature Communications* 6 (2015).

http://www.earthobservatory.nasa.gov/IOTD/view.php?id=82607&src= twitter&utm_content=bufferb1937&utm_source=buffer&utm_ medium=twitter&utm_campaign=Buffer.

http://www.monumentos.pt/Site/APP_PagesUser/SIPA.aspx?id=26312.

http://volcano.si.edu/volcanoes/region08/ivm_arc/nishino/ 3811_Nishino.pdf.

http://volcano.si.edu/volcano.cfm?vn=243040.

www.ulb.ac.be/sciences/cvl/homereef/homereef.html.

Fransson, F., persönliche Mitteilung 2006

Icelandic Med Office

Japan Meteorological Agency

Kapitel 3

Booth-Rea, G. et al., »Role of the Alboran Sea volcanic arc choking the Mediterranean to the Messinian salinity crisis and foundering biota diversification in North Africa and Southeast Iberia«, EGU General Assembly 2016.

Crespo-Blanc, A. et al., »Large-scale block rotations from Late Tortonian to Present in the Gibraltar Arc System: input into the Messinian salinity crisis«, EGU General Assembly 2016.

De la Vara, A. et al., »Quantitative analysis of Paratethys sea level change during the Messinian Salinity Crisis«, EGU General Assembly 2016.

El Kilany, A. et al., »Hydrology of marginal evaporitic basins during the Messinian Salinity Crisis: isotopic investigation of gypsum deposits«, EGU General Assembly 2016.

Garcia-Castellanos, D., »Geodynamic controls on a salt giant formation. The Messinian salinity crisis and the tectonic evolution of the westernmost Mediterranean«, EGU General Assembly 2016.

Govers, R., »Choking the Mediterranean to dehydration: The Messinian salinity crisis«, *Geology* 37, 2 (2009), S. 167–170.

Krijgsman, W. et al., »Paratethys forcing of the Messinian Salinity Crisis«, EGU General Assembly 2016.

Leila, M. / Moscariello A., »First account on the sedimentological, geochemical and petrophysical record of the Messinian Salinity Crisis in the subsurface of onshore Nile Delta, Egypt«, EGU General Assembly 2016.

Natalicchio, M. et al., »Tracing the microbial biosphere into the Messinian Salinity Crisis«, EGU General Assembly 2016.

Simon, D. / Meijer, P., »Towards a model-based understanding of the Mediterranean circulation during the Messinian Salinity Crisis«, EGU General Assembly 2016.

Vasiliev, I. et al., »Was Mediterranean region that dry during the Messinian Salinity Crisis?«, EGU General Assembly 2016.

Kapitel 4

Bondevik, S. et al., »The Storegga Slide tsunami – comparing field observations with numerical simulations«, in: *Marine and Petroleum Geology* 22 (2005), S. 195–208.

Bondevik, S. et al., »Record-breaking Height for 8000-Year-Old Tsunami in the North Atlantic«, in: *Eos* 84 (2003), S. 289.

Hill, J. et al., »Numerical modelling of the Storegga tsunami: consequences to the UK«, EGU General Assembly 2014.

Rydgren, K. / Bondevik, S., »Moss growth patterns and timing of human exposure to a Mesolithic tsunami in the North Atlantic«, in: *Geology* 3, 2 (2014), S. 111–114.

https://www.st-andrews.ac.uk/news/archive/2012/title,88471.en.php.

Kapitel 5

European Marine Energy Centre, *EMEC Tidal Test Facility Fall of Warness*, Eday, Orkney, Juni 2005.

Gjevik, B. et al., »Strong Topographic Enhancement of Tidal Currents: Tales of the Maelstrom«, in: *Nature* 388 (1997), S. 837–838.

Mackeprang P., Tagebuch eines Weltumseglers (Auszüge), 1981.

Poe, E.A., »Hinab in den Maelström« (»A Descent into the Maelström«), in: *Graham's Magazine*, 1841.

http://www.aquatera.co.uk/news_detail.asp?ID_News=18.

https://ncseagrant.ncsu.edu/coastwatch/previous-issues/2013-2/summer-2013/currents-improving-rip-current-outlooks/.

https://www.nrk.no/nordland/er-saltstraumen-egentlig-verdens-sterkeste-tidevannsstrom_-1.12929482.
http://www.nws.noaa.gov/os/hazstats.shtml.
http://www.ripcurrents.noaa.gov/.
http://www.ripcurrents.noaa.gov/brochures/rip_brochure_final.pdf.
http://www.smithsonianmag.com/travel/close-encounters-with-the-old-sow-48091759/?page=2.
http://www.smithsonianmag.com/travel/finding-the-eye-of-the-whirlpool-47993995/?c=y&story=fullstory.
http://the-geophysicist.com/maelstrom-of-saltstraumen.
http://www.whirlpool-scotland.co.uk/articles.html.
http://www.whittlespublishing.com/userfiles/shop/122/The%20Darkness%20Below.pdf.

Kapitel 6

Dietrich G. et al., *Allgemeine Meereskunde*, Stuttgart 1992.
Whipple, A.B.C., *Der Planet Erde: Meeresströme*, Amsterdam 1989.
Zhang, Z. et al., »Oceanic Mass Transport by Mesoscale Eddies«, in: *Science* 345 (2014), S. 322–324.

Kapitel 7

Bednaršek, N., »Extensive dissolution of live pteropods in the Southern Ocean«, in: *Nature Geoscience* 5 (2012), S. 881–885.
Bibby, R. et al., »Effects of ocean acidification on the immune response of the blue mussel Mytilus edulis«, in: *Aquatic Biology* 2 (2008), S. 67–74.
Delille, B. et al., »Response of primary production and calcification to changes of pCO_2 during experimental blooms of the coccolithophorid Emiliania huxleyi«, in: *Global Biochemical Cycles* 19 (2005).
Fine, M. / Tchernov, D., »Scleractinian Coral Species Survive and Recover from Decalcification«, in: *Science* 315 (2007), S. 1811.
Iglesias-Rodriguez, D., »Phytoplankton Calcification in a High-CO_2 World«, in: *Science* 320 (2008), S. 336–340.
Lohbeck, K. T. et al., »Adaptive evolution of a key phytoplankton species to ocean acidification«, in: *Nature Geoscience* 5 (2012), S. 346–351.

Maier, C., »Calcification of the cold-water coral Lophelia pertusa, under ambient and reduced pH«, in: *Biogeosciences* 6 (2009), S. 1671–1680.

Pansch, C. et al., »Habitat traits and food availability determine the response of marine invertebrates to ocean acidification«, in: *Global Change Biology* 20 (2014), S. 765–777.

Rosa, R. / Seibel, B., »Synergistic effects of climate-related variables suggest future physiological impairment in a top oceanic predator«, in: *Proceedings of the National Academy of Sciences* 105 (2008), S. 20776–20780.

Stumpp, M. et al., »Digestion in sea urchin larvae impaired under ocean acidification«, in: *Nature Climate Change* 3 (2013), S. 1044–1049.

Tunnicliffe, V. et al., »Survival of mussels in extremely acidic waters on a submarine volcano«, in: *Nature Geoscience* 2 (2009), S. 344–348.

http://coralreef.noaa.gov/.

http://hahana.soest.hawaii.edu/lab/dkarl/2011ISMEJ5-1-7.pdf.

http://science.sciencemag.org/content/335/6072/1058.

https://www.ipcc.ch/pdf/assessment-report/ar5/wg2/WGIIAR5-Chap6_FINAL.pdf.

http://www.igbp.net/publications/summariesforpolicymakers/summariesforpolicymakers/oceanacidificationsummaryforpolicymakers2013.5.30566fc6142425d6c9111f4.html.

Kapitel 8

Eyring, V. et al., »Multi-model assessment of stratospheric ozone return dates and ozone recovery in CCMVal-2 models«, in: *Atmospheric Chemistry and Physics Discussion* 10 (2010), S. 9451–9472.

Farman, J. C. et al., »Large losses of total ozone in Antarctica reveal seasonal ClOx/NOx interaction«, in: *Nature* 315 (1985), S. 207–210.

Lovelock, J. E., »Atmospheric Fluorine Compounds as Indicators of Air Movements«, in: *Nature* 230 (1971), S. 379.

Mäder, J. A. et al., »Evidence for the effectiveness of the Montreal Protocol to protect the ozone layer«, in: *Atmospheric Chemistry and Physics Discussion* 10 (2010), S. 12161–12171.

Molina, M. / Rowland, F. S., »Stratospheric sink for chlorofluoromethanes: chlorine atom-catalysed destruction of ozone«, in: *Nature* 249 (1974), S. 810–812.

Solomon, S. et al., »Emergence of healing in the Antarctic ozone layer«, in: *Science* 353 (2016), S. 269–274.
http://wdc.dlr.de/.
http://www.woudc.org/data/explore.php?lang=en.

Kapitel 9
Oppenheim, M. M. / Dimant, Y. S., »Photoelectron-induced waves: A likely source of 150 km radar echoes and enhanced electron modes«, in: *Geophysical Research Letters* 43 (2016), S. 3637–3644.
Tsunoda, R. T. / Ecklund, W. L., »On the nature of 150-km radar echoes over the magnetic dip equator«, in: *Geophysical Research Letters* 27 (2000), S. 657–660.

Kapitel 10
Hervig, et al., »Decadal variability in PMCs and implications for changing temperature and water vapor in the upper mesosphere«, in: *Journal of Geophysical Research* 121, 5 (2016), S. 2383–2392.
Hultgren, K. et al., »What caused the exceptional mid-latitudinal Noctilucent Cloud event in July 2009?«, in: *Journal of Atmospheric and Solar-Terrestrial Physics* 73 (2011), S. 2125–2131.
Russell III, J. M. et al., »Analysis of northern midlatitude noctilucent cloud occurrences using satellite data and modeling«, in: *Journal of Geophysical Research: Atmospheres* 119, 6 (2014), S. 3238–3250.
http://www.atoptics.co.uk/highsky/nlc1.htm.
http://www.leuchtende-nachtwolken.info/.
https://www.meteoros.de/themen/nlc/.
https://www.nasa.gov/centers/goddard/news/topstory/2003/0522shuttleshine.html.
https://www.nasa.gov/mission_pages/aim/multimedia/first_view.html.
http://www.sky-in-motion.de/de/zeitraffer_einzel.php?NR=19.

Kapitel 11
Alford, M. H. et al., »The formation and fate of internal waves in the South China Sea«, in: *Nature* 521 (2015), S. 65–69.
Magalhaes, J. M. et al., »Atmospheric gravity waves in the Red Sea: a new hotspot«, in: *Nonlinear Processes in Geophysics* 18 (2011), S. 71–79.
Menne, K., »Der Weg der Wellen«, in: effzett 1 (2016), S. 25.

Miller, S. D. et al., »Upper atmospheric gravity wave details revealed in nightglow satellite imagery«, in: *Proceedings of the National Academy of Sciences* 112 (2015), E6728–E6735.

Miller, S. D. et al., »Atmosphärische Schwerewellen in neuen Satelliten-Aufnahmen entdeckt«, Forschungszentrum Jülich 2016.

https://earth.esa.int/web/guest/missions/esa-operational-eo-missions/ers/instruments/sar/applications/tropical/-/asset_publisher/tZ7pAG6SCnM8/content/atmospheric-gravity-waves.

http://environmentalresearchweb.org/cws/article/news/63259.

http://source.colostate.edu/colorado-state-leads-gravity-waves-study-with-satellite-nightglow-observations/.

http://www.dlr.de/dlr/desktopdefault.aspx/tabid-10081/151_read-16542/#/gallery/21808.

Kapitel 12

Ackerman, S. / Knox, J., *Meteorology*, Burlington, MA, 2013.

»BLIDS. Der Blitzinformationsdienst von Siemens«, Siemens AG, 2016.

Lang, T. J. et al., »WMO World Record Lightning Extremes: Longest Reported Flash Distance and Longest Reported Flash Duration«, in: *Bulletin of the American Meteorological Society*, 2016.

Uman, M., *Lightning*, Dover Publications 2011.

U.S. Department Of Commerce, National Oceanic and Atmospheric Administration, »Thunderstorms, Tornadoes, Lightning … Nature's Most Violent Storms«, 2014.

Wetterspiegel.de, »Gewitterschutz« (Lexikoneinträge), 2014.

Zack, F., »Bis zu 1000 Verletzte pro Jahr: Rostocker Rechtsmediziner warnt vor unterschätzten Blitzschlägen«, Universität Rostock, 2011.

www.yalescientific.org/2014/04/death-by-lightning-to-some-countries-more-than-just-a-shock.

http://www.siemens.com/press/de/feature/2015/corporate/2015-08-blids.php?content.

Kapitel 13

Adams, P. et al., »Classification of Rainbows«, EGU General Assembly 2016.

Kapitel 14

Young, S. Y. / Buie, C. R., »Aerosol generation by raindrop impact on soil«, in: *Nature Communications* 6 (2015).

Kapitel 15

Kim, S.-G. / Kim, W., »Drop impact on a fiber«, in: *Physics of Fluids* 28 (2016).

Larsen, M. L. et al., »Further evidence for superterminal raindrops«, in: *Geophysical Research Letters* 41 (2014), S. 6914–6918.

Kapitel 16

Climate Symposium, Darmstadt 2014.

Kapitel 17

Anderson, C. A., »Temperature and aggression: Effects on quarterly, yearly, and city rates of violent and nonviolent crime«, in: *Journal of Personality and Social Psychology* 52 (1987), S. 1161–1173.

Buchner, K. / Wanka, E., »Das Problem der Wetterfühligkeit«, in: *promet* 33 (2007), S. 133.

Cohn, E. G. / Rotton, J., »The curve is still out there: A reply to Bushman, Wang, and Anderson's (2005) ›Is the curve relating temperature to aggression linear or curvilinear?‹«, in: *Journal of Personality and Social Psychology* 89 (2005), S. 67–70.

Connolly, M., »Some like it mild and not too wet: The influence of weather on subjective well-being«, in: *Journal of Happiness Studies* 14 (2013), S. 457–473.

–, »Here comes the rain again: Weather and the intertemporal substitution of leisure«, in: *Journal of Labor Economics* 26 (2008), S. 73–100.

Christodoulou, C. et al., »Suicide and seasonality«, in: *Acta Psychiatrica Scandinavica* 125 (2012), S. 127–146.

Delyukov, A. / Didyk, L., »The effects of extra-low-frequency atmospheric pressure oscillations on human mental activity«, in: *International Journal of Biometeorology* 43 (1999), S. 31–37.

Denissen, J. et al., »The effects of weather on daily mood: A multilevel approach«, in: *Emotion* 8 (2008), S. 662–667.

Gockel, C. et al., »Murder or not? Cold temperature makes criminals appear to be cold-blooded and warm temperature to be hotheaded«, in: *Plos One* 9, 4 (2014), S. e96231.

Goerre, S. et al., »Impact of weather and climate on the incidence of acute coronary syndromes«, in: *International Journal of Cardiology* 118 (2007), S. 36–40.

Guéguen, N., »Weather and courtship behavior: A quasi-experiment with the flirty sunshine«, in: *Social Influence* 8 (2013), S. 312–319.

Hong, J. / Sun, Y., »Warm It Up with Love: The Effect of Physical Coldness on Liking of Romance Movies«, in: *Journal of Consumer Research* 39 (2012), S. 293–306.

Höppe, P. et al., »Prävalenz von Wetterfühligkeit in Deutschland«, in: *Deutsche Medizinische Wochenschrift* 127 (2002), S. 15–20.

Iizerman, H. et al., »Perceptual symbols of creativity: coldness elicits referential, warmth elicits relational creativity«, in: *Acta Psychologica* 148 (2014), S. 136–147.

Keller, M. C. et al., »A Warm Heart and a Clear Head. The Contingent Effects of Weather on Mood and Cognition«, in: *Psychological Science* 16 (2005), S. 724–731.

Klimstra, T. A. et al., »Come rain or come shine: Individual differences in how weather affects mood«, in: *Emotion* 11 (2011), S. 1495–1499.

Kööts, L. et al., »The Influence of the Weather on Affective Experience. An Experience Sampling Study«, in: *Journal of Individual Differences* 32 (2011), S. 74–84.

Makris, G. D. et al. »Suicide seasonality and antidepressants: A register-based study in Sweden«, in: *Acta Psychiatrica Scandinavica* 127 (2012), S. 117–125.

Pawlowski, B. / Sorokowski, P., »Men's attraction to women's bodies changes seasonally«, in: *Perception* 37 (2008), S. 1079–1085.

Rotton, J. / Cohn, E. G., »Outdoor Temperature, Climate Control and Criminal Assault: The Spatial and Temporal Ecology of Violence«, in: *Environment and Behavior* 36 (2004), S. 276–306.

Storey S. / Workman, L., »The effects of temperature priming on cooperation in the iterated prisoner's dilemma«, in: *Evolutionary Psychology* 25 (2013), S. 52–67.

Tracy, J. L. / Beall, A. T., »The Impact of Weather on Women's Tendency to Wear Red or Pink when at High Risk for Conception«, in: *Plos One* 9, 2 (2014), e88852.

Walach, H. et al., »Hat das Wetter Einfluss auf Kopfschmerzen? Eine Evaluation der Biowetterklassen«, in: *Der Schmerz* 16 (2002), S. 1–8.

Williams, L. E. / Bargh J. A., »Experiencing physical warmth promotes interpersonal warmth«, in: *Science* 322 (2008), S. 606–607.

Watson, D., *Mood and Temperament*, New York / London 2000.

http://articles.mercola.com/sites/articles/archive/2016/03/31/weather-affects-mood.aspx.

https://docs.google.com/spreadsheets/d/17bjhnsGaNaQ3M-T2mADxmYxlt1O9uebxscg6oksviH0/edit#gid=0.

http://www.demografie-blog.de/2012/03/wann-die-kinder-kommen-zeitmaschine/.

https://www.scientificamerican.com/article/feeling-hot-can-fuel-rage/.

http://www.ur.umich.edu/0405/Oct25_04/31.shtml.

Kapitel 18

Zerefos, C. S. et al., »Further evidence of important environmental information content in red-to-green ratios as depicted in paintings by great masters«, in: *Atmospheric Chemistry and Physics* 14 (2014), S. 2987–3015.

Zerefos, C. S. et al., »Atmospheric effects of volcanic eruptions as seen by famous artists and depicted in their paintings«, in: *Atmospheric Chemistry and Physics* 7 (2007), S. 4027–4042.

Kapitel 19

Wang, G. et al., »Persistent sulfate formation from London Fog to Chinese haze«, in: *Proceedings of the National Academy of Sciences* 113 (2016) S. 13630–13635.

Kapitel 20

Love, J. J. / Coïsson, P., »The geomagnetic blitz of September 1941«, in: *Eos* 97 (2016).

Kapitel 21

Behringer, W., *Kulturgeschichte des Klimas: Von der Eiszeit bis zur globalen Erwärmung*, München 2010.

Glaser, R., *Klimageschichte Mitteleuropas*, Darmstadt 2008.

Lamb, H. H., *Klima und Kulturgeschichte*, Hamburg 1994.

Wetter, O. et al., »The year-long unprecedented European heat and drought of 1540 – a worst case«, in: *Climate Change* 125 (2014), S. 349–363.

Kapitel 22

Cotton, W. R. / Pielke, Sr. R. A., *Human Impacts on Weather an Climate*, Cambridge University Press 2007.

Doerr, S. H. / Santín, C., »Global trends in wildfire and its impacts: perceptions versus realities in a changing world«, in: *Philosophical Transactions Of The Royal Society* B 371 (2016).

Gasparrini, A. et al., »Mortality risk attributable to high and low ambient temperature: a multicountry observational study«, in: *Lancet* 386 (2015), S. 369–375.

IPCC-Report, *Climate Change 2013. The Physical Science Basis*, Genf 2013.

Kraus, H., *Die Atmosphäre der Erde*, Heidelberg 2000.

Ruddimen, W. F., *Earth's Climate*, New York 2001.

Von Storch et al., *Das Klimasystem und seine Modellierung*, Heidelberg 1999.

Deutscher Wetterdienst
https://www.ncdc.noaa.gov/monitoring-references/faq/global-warming.php.

Kapitel 23

Feldman, D. R., »Observational determination of surface radiative forcing by CO_2 from 2000 to 2010«, in: *Nature* 519 (2015), S.339–343.

IPCC-Report, *Climate Change 2013. The Physical Science Basis*, Genf 2013.

Kraus, H., *Die Atmosphäre der Erde*, Heidelberg 2000.

Kapitel 24

Greve, P. et al., »Global assessment of trends in wetting and drying over land«, in: *Nature Geoscience* 7 (2014), S. 716–721.

IPCC-Report, *Climate Change 2013. The Physical Science Basis*, Genf 2013.

Lewis, N. / Curry, J. A., »The implications for climate sensitivity of AR5 forcing and heat uptake estimates«, in: *Climate Dynamics* 45 (2015), S. 1009–1023.

Kapitel 25

http://www.mpimet.mpg.de/kommunikation/aktuelles/im-fokus/narval-ii/.

Kapitel 26

Barbic, G. et al., »Sensitivity of Antarctic sea ice to form drag parameterization«, EGU General Assembly 2014.

Bintanja, R. et al., »Important role for ocean warming and increased ice-shelf melt in Antarctic sea-ice expansion«, in: *Nature Geoscience* 6 (2013), S. 376–379.

Goose, H. / Zunz, V., »Decadal trends in the Antarctic sea ice extent ultimately controlled by ice-ocean feedback«, in: *The Cryosphere* 8 (2014), S. 453–470.

King, J., »Climate science: A resolution of the Antarctic paradox«, in: *Nature* 505 (2014), S. 491–492.

Simmonds, I., »Comparing and contrasting the behaviour of Arctic and Antarctic sea ice over the 35 year period 1979–2013«, in: *Annals of Glaciology* 56 (2015), S. 18–28.

Uotila, P. et al., »Is realistic Antarctic sea-ice extent in climate models the result of excessive ice drift?«, in: *Ocean Modelling* 79 (2014), S. 33–42.

Xichen, L. et al., »Impacts of the north and tropical Atlantic Ocean on the Antarctic Peninsula and sea ice«, in: *Nature* 505 (2014), S. 538–542.

http://blog.chron.com/sciguy/2012/09/does-the-expanding-antarctic-sea-ice-disprove-global-warming/.

http://phys.org/news/2010-08-paradox-antarctic-sea-ice.html.

https://weather.com/science/environment/news/why-antarctic-sea-ice-growing-20130923.

http://www.climatecentral.org/news/forget-the-melting-arctic-the-sea-ice-in-antarctica-is-growing-skeptics-say.

https://www.nasa.gov/content/goddard/antarctic-sea-ice-reaches-new-record-maximum.

https://www.nasa.gov/content/goddard/nasa-study-shows-global-sea-ice-diminishing-despite-antarctic-gains.

http://www.news.gatech.edu/2010/08/16/resolving-paradox-antarctic-sea-ice.

Kapitel 27

Benning, L. G., »Biological impact on Greenland's albedo«, in: *Nature Geoscience* 7 (2014), S. 691.

Doherty, S. J. et al., »Observed vertical redistribution of black carbon and other insoluble light-absorbing particles in melting snow«, in: *Journal of Geophysical Research* 118 (2013), S. 5553–5569.

Flanner, M. G. et al., »Present-day climate forcing and response from black carbon in snow«, in: *Journal of Geophysical Research* 112 (2007).

Goelles, T., »Ice sheet mass loss caused by dust and black carbon accumulation«, in: *The Cryosphere* 9 (2015), S. 1845–1856.

Howat, I. M. et al., »Expansion of meltwater lakes on the Greenland ice sheet«, in: *Cryosphere* 7 (2013), S. 201–204.

Polashenski, C. M. et al., »Neither dust nor black carbon causing apparent albedo decline in Greenland's dry snow zone: Implications for MODIS C5 surface reflectance«, in: *Geophysical Research Letters* 42 (2015), S. 9319–9327.

Tedesco, M., »What Darkens the Greenland Ice Sheet?«, in: *Eos* 96 (2015).

Kapitel 28

Doyle, J. D. et al., »Large-Amplitude Mountain Wave Breaking over Greenland«, in: *Journal of the Atmospheric Sciences* 62 (2005), S. 3106–3126.

Oltmanns, M., »Ice Wind & Fury. Scientists investigate the avalanche of winds known as piteraqs«, in: *Oceanus Magazine* 51 (2016).

Oltmanns, M. et al., »Strong Downslope Wind Events in Ammassalik, Southeast Greenland«, in: *Journal of Climate* 27 (20139, S. 977–993.

Oltmanns, M. et al., »The Role of Wave Dynamics and Small-Scale Topography for Downslope Wind Events in Southeast Greenland«, in: *Journal of the Atmospheric Sciences* 2014.

»Orkan über Grönland«, in: *Hamburger Abendblatt* vom 10. Februar 1970.

http://www.independent.co.uk/news/uk/home-news/i-was-desperate-for-my-team-to-make-it-adventurers-caught-in-greenland-storm-tell-inquest-of-ordeal-8775172.html.

Kapitel 29

Nield, G. A. et al., »Rapid bedrock uplift in the Antarctic Peninsula explained by viscoelastic response to recent ice unloading«, in: *Earth and Planetary Science Letters* 397 (2014), S. 32–41.

Kapitel 30

Stephenson, F. R. et al., »Measurement of the Earth's rotation: 720 BC to AD 2015«, in: *Proceedings of the Royal Society* A 472 (2016).
http://www.livescience.com/57118-earth-spin-slowdown-shown-in-ancient-tablets.html.

Kapitel 31

Adhikari, S. / Ivins, E. R., »Climate-driven polar motion: 2003–2015«, in: *Science Advances* 2 (2016).
Chen, J. L. et al., »Rapid ice melting drives Earth's pole to the east«, in: *Geophysical Research Letters* 40 (2013), S. 2625–2630.

Kapitel 32

Andrault, D. et al., »Melting of subducted basalt at the core-mantle boundary«, in: *Science* 344 (2014), S. 892–895.
Garnero, E. J. et al., »Continent-sized anomalous zones with low seismic velocity at the base of Earth's mantle«, in: *Nature Geoscience* 9 (2016), S. 481–489.
Holland, G. / Ballentine, C. J., »Seawater subduction controls the heavy noble gas composition of the mantle«, in: *Nature* 441 (2006), S. 186–191.

Kapitel 33

Hoggard, M. J. et al., »Global dynamic topography observations reveal limited influence of large-scale mantle flow«, in: *Nature Geoscience* 9 (2016), S. 456–463.
Steinberger, B., »Topography caused by mantle density variations: observation-based estimates and models derived from tomography and lithosphere thickness«, in: *Geophysical Journal International* 205 (2016), S. 604–621.

Kapitel 34

Henderson, S. T. / Pritchard, M. E., »Time dependent deformation of Uturuncu volcano, Bolivia constrained by GPS and InSAR measurements and implications for source models«, im Druck befindlich.
https://agu.confex.com/agu/fm14/webprogram/Paper28158.html.
http://vgp.agu.org/vgp-spotlight-is-a-zombie-volcano-a-thing/.
http://www.seeker.com/zombie-volcano-or-new-supervolcano-1765489524.html.

Kapitel 35

Acocella, V. et al., »Why Does a Mature Volcano Need New Vents? The Case of the New Southeast Crater at Etna«, in: *Frontiers in Earth Science* 4 (2016), S. 67.

Kapitel 36

Bevilacqua, A. et al., »Temporal models for the episodic volcanism of Campi Flegrei caldera (Italy) with uncertainty quantification«, in: *Journal of Geophysical Research* 121 (2016), S. 7821–7845.

Chiodini, G. et al., »Magmas near the critical degassing pressure drive volcanic unrest towards a critical state«, in: *Nature Communications* 7 (2016).

Chiodini, G. et al., »Early signals of new volcanic unrest at Campi Flegrei caldera? Insights from geochemical data and physical simulations«, in: *Geology* 40 (2012), S. 943.

De Vivo, B., *Volcanism in the Campania Plain: Vesuvius, Campi Flegrei and Ignimbrites*, Elsevier Science 2006.

Gualda, G. / Sutton, S. R., »The Year Leading to a Supereruption«, in: *Plos One* 11 (2016).

Isaia, R. et al., »Caldera unrest prior to intense volcanism in Campi Flegrei (Italy) at 4.0 ka B.P.: Implications for caldera dynamics and future eruptive scenarios«, in: *Geophysical Research Letters* 36 (2009).

Jaxybulatov, K. et al., »A large magmatic sill complex beneath the Toba caldera«, in: *Science* 346 (2014), S. 617–619.

Koulakov, I. et al., »The feeder system of the Toba supervolcano from the slab to the shallow reservoir«, in: *Nature Communications* 7 (2016).

http://www.ov.ingv.it/ov/it/campi-flegrei.html.

Kapitel 37

Wright, R. et al., »Some observations regarding the thermal flux from Earth's erupting volcanoes for the period of 2000 to 2014«, in: *Geophysical Research Letters* 42 (2015), S. 282–289.

Kapitel 38

Bräuer, K. et al., »Fluide als Tracer für aktuell ablaufende geodynamische Prozesse unter dem westlichen Eger Rift« (*Schriftenreihe der Deutschen Geologischen Gesellschaft* 39), GeoErlangen 2005: System Earth – Biosphere Coupling / Regional Geology of Central Europe.

Bräuer, K. et al., »Isotopic evidence of fluid-triggered intraplate seismicity in NW Bohemia«, 8th International Conference on Gas Geochemistry (ICGG 8), Palermo / Milazzo 2005.

Fischer, T. et al., »2014 earthquake sequence in West Bohemia/Vogtland responsible for the sudden increase of CO_2 flow rate?«, EGU General Assembly 2015.

Geissler, W. H. et al., »Seismic structure and location of a CO_2 source in the upper mantle of the western Eger (Ohře) Rift, central Europe«, in: *Tectonics* 24 (2005), S. 1–23.

Horálek, J. / Kämpf, H., »Earthquake swarm – mantle fluid interaction in the western Eger (Ohre) rift area: Czech and German research activities of the last decade (*Schriftenreihe der Deutschen Geologischen Gesellschaft* 39), GeoErlangen 2005: System Earth – Biosphere Coupling / Regional Geology of Central Europe.

Kämpf, H. et al., »Combined gas-geochemical and geophysical studies on the Vogtland/NW-Bohemia nonvolcanic earthquake swarm area, central Europe«, 8th International Conference on Gas Geochemistry (ICGG 8), Palermo / Milazzo 2005.

Niedermann, S. et al., »Helium isotopic composition of mantle xenoliths from the western Eger rift, Czech Republic«, 8th International Conference on Gas Geochemistry (ICGG 8), Palermo / Milazzo 2005.

Kapitel 39

Edens, H. et al., »Volcanic Lightning in Eruptions of Sakurajima Volcano«, EGU General Assembly 2016.

Kapitel 40

Hong, T.-K. et al., »Prediction of ground motion and dynamic stress change in Baekdusan (Changbaishan) volcano caused by a North Korean nuclear explosion«, in: *Scientific Reports* 6 (2016).

Parsons, T. et al., »The global aftershock zone«, in: *Tectonophysics* 618 (2014), S. 1–34.

Walter, T. / Amelung, F., »Volcano-earthquake interaction at Mauna Loa volcano, Hawaii«, in: *Journal of Geophysical Research: Solid Earth* 111 (2006).

Kapitel 41
https://newsroom.ctbto.org/2014/04/24/ctbto-detected-26-major-asteroid-impacts-in-earths-atmosphere-since-2000/.

Kapitel 42
http://weltrisikobericht.de.

Kapitel 43
Becker, T. W. et al., »Western US intermountain seismicity caused by changes in upper mantle flow«, in: *Nature* 524 (2015), S. 458–461.

Kapitel 44
Ozawa, S., »Shortening of recurrence interval of Boso slow slip events in Japan«, in: *Geophysical Research Letters* 41 (2014), S. 2762–2768.

Yokota, Y. / Koketsu, K., »A very long-term transient event preceding the 2011 Tohoku earthquake«, in: *Nature Communications* 6 (2015).

https://www.gns.cri.nz/Home/News-and-Events/Media-Releases/quakes-off-gisborne.

Kapitel 45
Shearer, P. M., *Introduction to Seismology*, Cambridge University Press 2009.

Udías, A., *Principles of Seismology*, Cambridge University Press 1999.

http://earthquake.usgs.gov/earthquakes/eventpage/us20002ki3#origin?source=pt&code=pt15150050.

http://earthquake.usgs.gov/earthquakes/search/.

Kapitel 46
Leibovitz, N. et al., »Magnetic paleointensities recorded in fault pseudotachylytes and implications for earthquake lightnings«, EGU General Assembly 2015.

Shearer, P. M., *Introduction to Seismology*, Cambridge University Press 2009.

Udías, A., *Principles of Seismology*, Cambridge University Press 1999.

Kapitel 47

Mallard, C. et al., »Subduction controls the distribution and fragmentation of Earth's tectonic plates«, in: *Nature* 535 (2016), S.140–143.

Stern, T. A. et al., »A seismic reflection image for the base of a tectonic plate«, in: *Nature* 518 (2015), S. 85–88.

Toomey, D. R. et al., »Skew of mantle upwelling beneath the East Pacific Rise governs segmentation«, in: *Nature* 446 (2007), S. 409–414.

http://www.columbia.edu/~vjd1/driving_forces_basic.htm.

http://www.geosci.usyd.edu.au/users/prey/ACSGT/EReports/eR.2003/GroupD/Report1/web%20pages/Driv_tectonics.html.

http://www.open.edu/openlearn/science-maths-technology/science/geology/plate-tectonics/content-section-5.2.2.

http://www.umich.edu/~gs265/tecpaper.htm.

Kapitel 48

Ramalho, R. S. et al., »Emergence and evolution of Santa Maria Island (Azores) – The conundrum of uplifted islands revisited«, in: *Geological Society of America Bulletin* 2016.

Kapitel 49

Champagnac, J. D. et al., »Erosion-driven uplift of the modern Central Alps«, in: *Tectonophysics* 474 (2009), S. 236–249.

Frisch, W. / Meschede, M., *Plattentektonik. Kontinentverschiebung und Gebirgsbildung*, Darmstadt 2005.

Mey, J. et al., »Glacial isostatic uplift of the European Alps«, in: *Nature Communications* 7 (2016).

Plan, L. et al.: »Neotectonic extrusion of the Eastern Alps: Constraints from U/Th dating of tectonically damaged speleothems«, in: *Geology* 38 (2010), S. 483–486.

Watts, A. B. *Isostasy and Flexure of the Lithosphere*, Cambridge University Press 2001.

Kapitel 50

http://meetingorganizer.copernicus.org/EGU2015/session/17187.

Fjeldskaar, W. / Amantov, A., »Glacial isostasy – possible tilting of petroleum reservoirs«, EGU General Assembly 2015.